1.1.1 "Save the Earth" 公益海报

1.2.1 《From Hell》电影海报

1.4.1 "运动鞋" 商业招贴画

1.3.1 "国庆60华诞" 公共招贴画

2.1.1 浪漫时尚婚纱照制作

2.2.1 植物图片艺术化处理

2.3.1 1寸个人证件照制作

3.1.1 "dop" 企业Logo设计

3.2.1 "SONY公司"
工作证设计

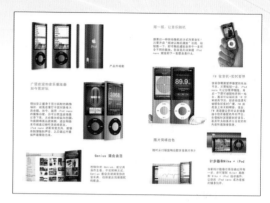

3.3.1 "iPod nano"宣传册设计（封面、封底）　　　　3.3.2 "iPod nano"宣传册设计（内页）

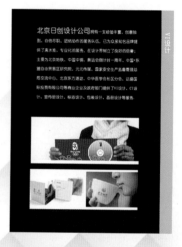

3.4.1 "北京日创公司"企业宣传册制作

4.1.1 《古希腊建筑欣赏》封面设计

4.2.1 《ELLE》杂志扉页设计

5.1.1 "米奇"手提袋设计

5.2.1 音乐光盘设计

5.3.1 不锈钢水杯设计

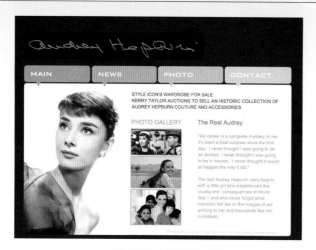

6.2.1 明星个人网页框架设计

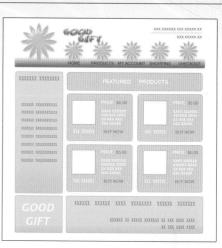

6.3.1 礼品购物网首页设计

6.4.1 婚纱网站主页面设计

7.1.1 经典型音乐播放器界面设计

7.2.2 "iPhone4"
手机界面设计

7.2.1 "iPhone 3G"
手机界面设计

7.4.1 QQ登录界面设计

7.3.1 竖排MP4界面设计

"十二五"职业教育国家规划教材

高等职业院校教学改革创新示范教材·数字媒体系列

Photoshop 图像处理项目式教程（第 2 版）

邹　羚　主　编

戚一翡　胡沁涵　副主编

电子工业出版社

Publishing House of Electronics Industry

北京·BEIJING

内 容 简 介

本书在"校企合作"平台上,以"职业岗位"为主线,用"工作项目"引导,创设真实"工作任务"。在每个任务中,利用引导模式进行逐步教学、利用应用模式进行重点教学,利用实践模式进行实践训练,将知识点进行分解和编排,并融入到每个任务中,集通俗性、实用性、技巧性于一体。

本书分为三篇:广告设计篇、包装设计篇和界面设计篇。通过 7 个项目、24 个任务、48 个案例、7 个实践案例,详细介绍了 Photoshop CS6 各方面的应用。这些项目分别是海报及招贴画制作、照片处理、CI 企业形象设计、书籍包装设计、产品包装设计、网站页面设计和产品界面设计。另外,还提供了相应的知识点练习题。

本书通俗易懂、循序渐进,不仅适合 Photoshop 初、中级用户阅读,也可以作为大中专院校相关专业的学生及培训班学员上机培训的教材,同时对于 Photoshop 中、高级用户也有很大的参考价值。

图书在版编目(CIP)数据

Photoshop 图像处理项目式教程 / 邹羚主编. —2 版. —北京:电子工业出版社,2014.8
高等职业院校教学改革创新示范教材·数字媒体系列
ISBN 978-7-121-23817-8

Ⅰ. ①P… Ⅱ. ①邹… Ⅲ. ①图象处理软件－高等职业教育－教材 Ⅳ. ①TP391.41

中国版本图书馆 CIP 数据核字(2014)第 156912 号

策划编辑:左 雅
责任编辑:左 雅 特约编辑:朱英兰
印 刷:三河市鑫金马印装有限公司
装 订:三河市鑫金马印装有限公司
出版发行:电子工业出版社
　　　　　北京市海淀区万寿路 173 信箱 邮编 100036
开 本:787×1 092 1/16 印张:16.25 字数:422 千字 彩插:2
版 次:2011 年 3 月第 1 版
　　　　2014 年 8 月第 2 版
印 次:2018 年 6 月第 7 次印刷
定 价:37.00 元

前　　言

作为一个优秀的图像处理软件，Photoshop 一直占据着图像处理软件的"领袖"地位，是广告设计、包装设计、界面设计及网页设计的必备软件。它可以通过尝试新的创作方式，制作适用于打印、Web 页面等其他任何用途的最佳品质图像。它可以通过更快捷的文件访问方式、简易的专业照片润饰功能及方便的产品设计仿真形式，创造出无与伦比的图像世界，它惊人的功能引起了广大图像处理爱好者的强烈兴趣。

本书是在"校企合作"基础上，以"工作项目"为导向，用简单而真实的企业图像设计任务驱动，一步一步地带领读者走进图像处理的广阔天地。每个任务都有引导模式和应用模式的教学，在引导模式中，任务将逐步分解，手把手地指导读者进行实践操作，并将不同的知识点融入其中，通过理论与实际相结合，在任务完成的同时，掌握相关理论知识与工具使用技巧。在引导模式后，还配有与本任务相关的知识点详解，在此，读者可以更加详细地了解到相关的拓展知识。在应用模式中，选取关键步骤进行教学，力求使读者边学习边思考边操作。最后，通过每个项目后的实践模式操作进行能力实践。本书案例的选取，力求体现典型、实用、商业化的特点，同时也非常注重案例的效果体现。在每个项目最后都会备有整个项目所使用到的知识点拓展和练习题，以帮助读者巩固所学的知识并激发读者思考。

本书编排安排如下。

★广告设计篇

项目 1：海报及招贴画制作

通过 4 个任务，公益海报制作、电影海报制作、公共招贴画制作、商业招贴画制作，以及 1 个实践制作，介绍 Photoshop CS6 的界面与新功能，图像自由变换的各种方式、图像的移动、画布的大小设置、图像的填充、描边、图层混合模式的设置，以及模糊、像素化、风格化滤镜等的使用。

项目 2：照片处理

通过 3 个任务，婚纱照制作、艺术照制作、证件照制作，以及 1 个实践制作，介绍"盖印图层"的使用，图像的色相、饱和度的调整，三种新增模糊滤镜的使用，"历史记录画笔"工具和"历史记录艺术画笔"工具的使用技巧，快照的作用，利用自定义画笔、自定义图案命令来创建不同风格的图片，"透视"工具及"透视裁剪"的使用技巧。

项目 3：CI 企业形象设计

通过 4 个任务，企业标志设计、企业工作证设计、企业产品宣传册设计、企业宣传册制作，以及 1 个实践制作，介绍路径工具的使用、文字变形的方法、图层样式的使用、参考线添加使用技巧、文本对齐方式及文字、段落的设置方法，同时介绍了 CI 企业形象设计的理念知识。

★包装设计篇

项目 4：书籍包装设计

通过 2 个任务，书籍封面设计、书籍扉页设计，以及 1 个实践制作，介绍蒙版的使用和编辑技巧，模糊、锐化、涂抹、减淡、加深、海绵工具的特点与使用方法，以及"背景橡皮擦"工具的神奇功能。

项目 5：产品包装设计

通过 3 个任务，包装纸袋设计、CD 封套设计、瓶子包装设计，以及 1 个实践制作，介绍了"钢笔"工具的使用和编辑技巧，"渐变"工具的几种方式和特点，"魔棒"工具的使用及羽化的设计技巧。

★界面设计篇

项目 6：网站页面设计

通过 4 个任务，网站页面元素设计、个人网站页面设计、商业网站页面设计、婚纱网页设计，以及 1 个实践制作，介绍了"图层组"的使用、上下文提示，"自定形状"工具的使用和编辑技巧，"网页切片"工具的使用方法，"内容感知移动"工具的使用以及网页设计中的三大要点。

项目 7：产品界面设计

通过 4 个任务，播放器界面设计、手机界面设计、MP4 界面设计，QQ 界面扁平化设计，以及 1 个实践制作，介绍了"铅笔"工具、"画笔"工具的使用和编辑技巧，调整图层的添加与几种调整图层方式特点，通道的选择与使用技巧，以及图层过滤器的使用方法。

由于教学需要，在本书中引用了一些公司标志、产品图片、明星照片等，在此向原作者表示感谢。本书提供的配套资源有：JPG 格式任务素材，JPG、PSD 格式效果图，课后作业答案，教学课件 PPT；请读者登录华信教育资源网（www.hxedu.com.cn）免费下载。

本书由邹羚任主编，戚一翡、胡沁涵任副主编，张量、袁雪雯、石文华、张三军参编。感谢本书的合作单位苏州致幻工业设计有限公司提出的大量建设性意见。

修订说明： 在第一版出版时，读者给予了广泛好评，同时也得到了很多建设性的建议。在此基础上，编者进行了全面修订，将 Photoshop CS4 版本升级到了 Photoshop CS6，介绍了许多 CS6 新功能的使用，如图层组、图层过滤器、内容感知移动工具、透视裁剪工具等。全面提升了图像处理的技巧、技法。同时根据读者和公司人员的建议，以及通过走访婚纱摄影集团、平面设计公司等积累的生活素材，由主编和企业技术人员一起重新设计制作了典型的、既具生活特点又具商业化功能的项目和案例，如婚纱艺术照处理、网页页面元素处理、QQ 界面扁平化设计等，加入了扁平化、简约等多种流行元素。

由于作者水平有限，加之时间仓促，书中错漏之处在所难免，敬请广大用户和读者批评指正、不吝赐教。

编　者

■目 录

CONTENTS

包装设计篇

界面设计篇

广告设计篇

本篇学习要点

➤ 了解广告设计的基本理念及类型特点。

➤ 掌握海报及招贴画、照片、CI 企业形象设计与制作方法。

➤ 掌握完成任务相关工具的使用技巧。

➤ 能应用广告设计理念和 Photoshop 工具进行广告作品的构思与创造。

项 目 **1**

海报及招贴画制作

　　海报与招贴画属于平面广告的一种形式，通常张贴于城市各处的街道、影院、商业区、车站、公园等公共场所，主要起信息传递或公众宣传的作用。按照应用内容的不同可以分为商业海报、电影海报、公益海报、公共招贴画、商业招贴画等。海报与招贴画的特点在于尺寸大、远视强、内容范围广、具有一定的艺术性，所以在制作时要充分考虑通过色彩、构图、形式等要素所形成的强烈视觉效果，以及画面内容的新颖感、独特感，达到简单明了的传递目的。

1.1 任务1 公益海报制作

1.1.1 引导模式——"Save the Earth"公益海报1

▶1．任务描述

　　利用"移动"工具、"画笔"工具、"自由变换"命令等，制作一张主题为"拯救地球"的公益海报。

▶2．能力目标

① 能熟练运用"移动"工具进行图像移动操作；
② 能熟练运用"自由变换"命令对图像进行旋转、斜切、扭曲、缩放等操作；
③ 能熟练运用"色相/饱和度"命令对图像的色彩、亮度等进行调整；
④ 能运用图层控制面板进行图层位置的调整。

▶3．任务效果图（见图1-1）

图1-1 "Save the Earth"公益海报1效果图

▶4．操作步骤

❶ 启动 Photoshop CS6，选择"文件"→"新建"命令或按【Ctrl+N】组合键，如图 1-2 所示。打开"新建"对话框，设置宽度为"600 像素"，高度为"900 像素"，分辨率为"72 像素/英寸"，颜色模式为"RGB 颜色"，名称为"拯救地球公益海报"，如图 1-3 所示。

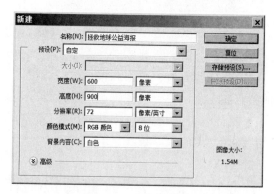

图 1-2 "新建"命令

图 1-3 "新建"设置

注意：由于 CS6 版本外观有四种不同的颜色方案，考虑到教材的打印效果和习惯程度，本教程所有截图都采用的第四种颜色方案，选择"编辑"→"首选项"→"界面"命令，从颜色方案中选择第四个  。

❷ 选择"图像"→"调整"→"反相"命令，或按【Ctrl+I】组合键，背景变为黑色，如图 1-4 所示。

❸ 选择"文件"→"打开"命令，打开素材库中的"素材—手"图片，选择工具箱中"移动"工具 ，将图片拖至新建文件中，成为"图层 1"。选择"编辑"→"自由变换"命令，如图 1-5 所示，或按【Ctrl+T】组合键，对"图层 1"进行大小调整。为防止图像变形，应按住【Shift】键，同时用鼠标拖动角上的小方块进行等比缩放，如图 1-6 所示，大小调整完毕后按【Enter】键确认。效果如图 1-7 所示。

图 1-4 "反相"命令

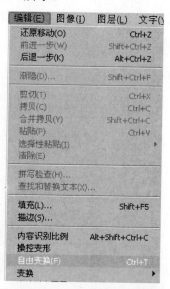

图 1-5 "自由变换"命令

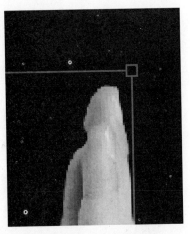

图1-6 等比缩放

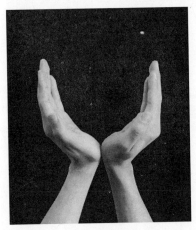

图1-7 "手"调整大小后效果

❹ 打开素材库中的"素材—地球"图片，选择"移动"工具将其拖至新建文件中，成为"图层2"。在图层控制面板中，选中"图层2"按住鼠标左键不放拖动至"图层1"下方，如图1-8所示。选择"自由变换"工具对"图层2"进行调整，达到如图1-9所示效果。

图1-8 图层位置调整

图1-9 "地球"调整大小后效果

❺ 在图层控制面板中，选中"图层1"，选择"图像"→"调整"→"色相/饱和度"命令，打开"色相/饱和度"对话框，设置饱和度为"-20"，明度为"-10"，如图1-10所示。

❻ 在图层控制面板中，选中"图层2"，选择"图像"→"调整"→"色相/饱和度"命令，打开"色相/饱和度"对话框，设置色相为"-5"，如图1-11所示。图像达到如图1-12所示效果，使地球"热"的感觉更为明显。

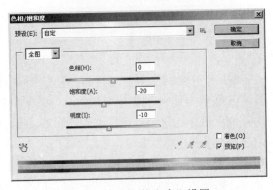

图1-10 "色相/饱和度"设置1

图1-11 "色相/饱和度"设置2

图1-12 "地球"调整色调后效果

❼ 打开素材库中的"素材—渐变图"图片，选择"移动"工具将其拖至新建文件中，成为"图层3"。在图层控制面板中，选中"图层3"按住鼠标左键不放拖动至"图层1"上方，如图1-13所示。选择"移动"工具调整渐变图的位置，最终达到如图1-14所示效果。

图1-13 图层位置调整

图1-14 添加渐变后效果

❽ 打开素材库中的"素材—植物"图片，选择"移动"工具将其拖至文件中，成为"图层4"，位于所有图层最上部。在图层控制面板中，选中此图层，单击鼠标右键，在弹出的快捷菜单中选择"混合选项"命令，如图1-15所示。在打开的"图层样式"对话框中勾选"外发光"选项，设置扩展为"2%"，大小为"10"像素，如图1-16所示，单击"确定"按钮。选择"自由变换"工具，调整大小到如图1-17所示效果。

图1-15 "混合选项"命令

图 1-16　"外发光"设置　　　　　图 1-17　添加"植物"后效果

⑨　选择工具箱中的"横排文字"工具 T，在图像中单击鼠标左键，输入文字"Save the Earth"，在其选项栏中设置字体为"Arial Black"，大小为"48 点"，颜色值为 RGB（146，200，0），如图 1-18 所示。在图层控制面板中，选中此文字层并单击鼠标右键，在弹出的快捷菜单中选择"复制图层"命令，生成"Save the Earth 副本"，选择工具箱中的"横排文字"工具 T，在文字上单击，全部选择文字，在其选项栏中设置字体颜色值为 RGB（224，60，10），选择"移动"工具使红色字体向右微移，将图层位置移动到绿色字体的下方。整个画面效果如图 1-19 所示。

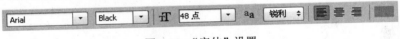

图 1-18　"字体"设置

⑩　在图层控制面板中，单击"创建新图层"按钮 🗗，新建"图层 5"。选择工具箱中"画笔"工具 ✏️，在图像上单击鼠标右键，出现如图 1-20 所示的"画笔"面板，选择"95"号画笔"散步叶子"。选择工具箱中的"设置前景色"工具 ▣，出现如图 1-21 所示的"拾色器"对话框，设置颜色值为 RGB（91，164，32），在画面上单击鼠标左键绘制一些叶片，最终效果如图 1-22 所示。

图 1-19　添加文字后效果

图 1-20　"画笔"设置

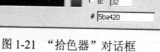

图 1-21 "拾色器"对话框　　　　　　　　　图 1-22　完成图

注意：如果有叶片把手的部分给遮挡了，可以选择工具箱中"橡皮擦"工具，将绘制在手上的叶子擦除。

⑪ 选择"文件"→"存储为"命令，或按【Shift+Ctrl+S】组合键，打开"存储为"对话框。设置"保存位置"，格式为"JPEG"，单击"保存"按钮，如图 1-23 所示。在弹出的"JPEG 选项"对话框中设置品质为"最佳"、格式选项为"基线"，单击"确定"按钮，如图 1-24 所示。

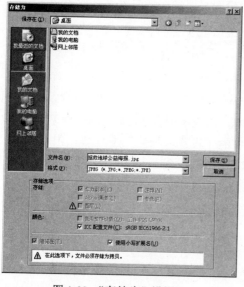
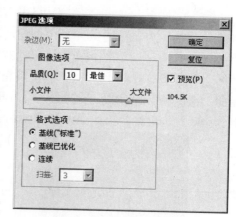

图 1-23 "存储为"设置　　　　　　　　图 1-24 "JPEG 选项"设置

▶5. 技巧点拨

1）Photoshop CS6 界面

打开 Photoshop CS6，我们可以看到它的整体色调已改成更深的灰黑色，按 Adobe 公司的说法是为了让用户把注意力更好地放在图片处理上。当然，也可以把界面改成自己熟悉的或喜欢的颜色，如图 1-25 所示是界面改成淡灰色的状态。整个界面分别由菜单栏、选项栏、工具箱、控制面板、画布等组成。

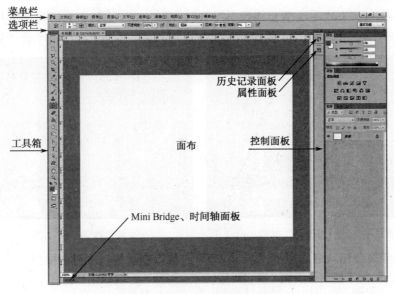

菜单栏
选项栏

历史记录面板
属性面板

工具箱

画布

控制面板

Mini Bridge、时间轴面板

图 1-25　Photoshop CS6 界面

2）Photoshop CS6 新功能

（1）上、下文提示

新版本中，在绘制图形、调整选区、修改路径等矢量对象，以及调整画笔的大小、硬度、不透明度时，将显示相应的提示信息。

（2）图层组

新版本中的图层组可以像普通图层一样设置图层样式、填充、不透明度及其他高级混合选项。

（3）图层过滤器

为了便于在制作复杂的项目时更为快捷、便利地找到所要图层，Photoshop CS6 在图层控制面板中新增了图层过滤器功能。

（4）内容感知移动工具

内容感知移动工具主要用来移动图片中的景物，并随意放置到合适的位置。移动后的空隙位置，Photoshop 将会进行智能修复。

（5）裁剪工具

新版本中增加了拉直图像的控件。

（6）滤镜

新版本中增加了场景模糊、光圈模糊、倾斜偏移三种模糊滤镜。

3）图像的变换

Photoshop CS6 可对选区、单个图层、多个图层或图层蒙版等进行变换。所有变换都针对一个固定的参考点执行，默认状态下，此点处于需要变换对象的中心，如图 1-26 所示。把鼠标置于该参考点时，出现此标志✛后可以移动该点来改变对象的中心点位置。

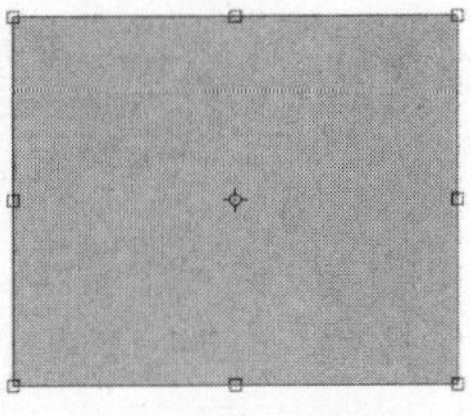

（1）"自由变换"命令

可通过旋转、缩放、斜切、扭曲和透视等命令对图像进行变换。首先，选择要变换

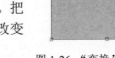

图 1-26　"变换"命令后状态

的对象。其次，选择"编辑"→"自由变换"命令，或按【Ctrl+T】组合键。

● 缩放

如要进行等比缩放，可按住【Shift】键同时拖动角上的方块。

如要进行精确缩放，可在选项栏"W"（宽度）、"H"（高度）中设置百分比，单击中间的"链接"图标 可以保持对象的长宽比，如图1-27所示。

● 旋转

如要进行旋转，将鼠标移至对象范围外，此时出现弯曲状的双向箭头即可进行旋转。如按住【Shift】键，旋转角度是以15°递增的。

如要进行精确旋转，可在选项栏"旋转"中设置数值，如图1-28所示。

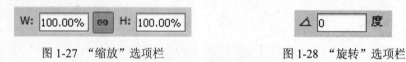

图1-27 "缩放"选项栏　　　　　　　　　　图1-28 "旋转"选项栏

● 扭曲

如要进行中心点扭曲，可按住【Alt】键并拖动角上的方块。

如要进行自由扭曲，可按住【Ctrl】键并拖动角上的方块。

● 斜切

如要进行斜切，可按住【Ctrl+Shift】组合键并拖动角上的方块。

如果要精确斜切，可在选项栏"H"（水平斜切）
和"V"（垂直斜切）中设置数值，如图1-29所示。

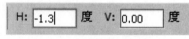

● 透视

如要进行透视，可按住【Ctrl+Alt+Shif】组合
键并拖动角上的方块。

图1-29 "斜切"选项栏

● 变形

如要进行变形，可在选项栏中选择"在自由变换和变形模式之间切换"按钮 。如图1-30所示，拖动控制点可以改变对象形状。此外，可在选项栏中的"变形"下拉菜单中选择一种变形样式，如图1-31所示。

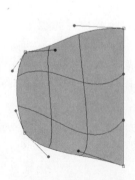

图1-30 "变形"命令　　　　　　　　　　图1-31 变形样式

（2）"变换"命令

选择"编辑"→"变换"→"缩放"、"旋转"、"斜切"、"扭曲"、"透视"或"变形"命令。其使用方法与"自由变换"工具相同。

注意：在 Photoshop CS6 中，"自由变换"命令的选项栏中添加了"插值"选项 插值: 两次立方 ，不再受制于旧版中首选项中的插值方式，为了减少 Photoshop 位图在进行放大缩小时的锯齿，可以选择插值方式。

4）图像的移动

对图层中的图像进行移动，可在图层控制面板直接选择要移动的图层，或者在选项栏中选择"自动选择"，从下拉菜单中选择"图层"命令，如图 1-32 所示。

☑ 自动选择: 图层 ◇

图 1-32 "自动选择"命令

按住【Shift】键同时单击多个图层，选择"自动选择"下拉菜单中的"组"命令，可在某个组中选择一个图层时选择整个组。

选择工具箱中"移动"工具可进行移动，如对位置进行精细调整可按键盘上的方向键进行微移 1 个像素。按住【Shift】键并同时按键盘上的方向键可微移 10 个像素。

1.1.2 应用模式——"Save the Earth"公益海报 2

▶**1. 任务效果图**（见图 1-33）

图 1-33 "Save the Earth"公益海报 2 效果图

▶**2. 关键步骤**

① 打开素材库中的"素材—树"图片拖至文件中，复制该图层，选择"编辑"→"变换"→"垂直翻转"命令，如图 1-34 所示。选择"自由变换"工具调整该图层的大小，然后选择"移动"工具将其拖至图像底部。最后选择"橡皮擦"工具将作为倒影的树根的多余部分擦除。

② 选择树倒影图层，选择"图层"→"调整"→"去色"命令，或按【Shift+Ctrl+U】组合键，如图 1-35 所示。在图层控制面板中，将图层的"不透明度"设置为"50%"，如图 1-36 所示。

③ 将素材库中的"素材—蝴蝶 1"、"素材—蝴蝶 2"图片拖至文件中，通过图层控

制面板的"混合选项"命令对其进行"外发光"的设置，扩展为"2%"，大小为"24"像素，如图 1-37 所示。

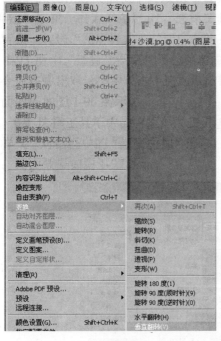

图 1-34 "垂直翻转"命令

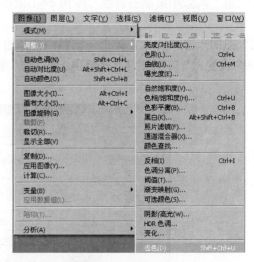

图 1-35 "去色"命令

图 1-36 图层不透明度设置

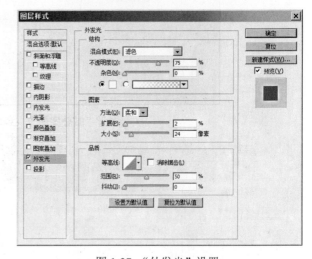

图 1-37 "外发光"设置

1.2 任务2 电影海报制作

1.2.1 引导模式——《From Hell》电影海报

1. 任务描述

利用"模糊滤镜"、"像素化滤镜"、"风格化滤镜"命令等，制作一张《From Hell》

的电影海报。

▶2．能力目标

① 能熟练运用"模糊滤镜"命令对选区图像或整个图像进行柔化处理；
② 能熟练运用"像素化滤镜"命令中点状化设置，产生点状效果；
③ 能熟练运用"风格化滤镜"命令中风设置，模拟风效果；
④ 能运用"旋转画布"命令对整个画面进行旋转处理。

▶3．任务效果图（见图 1-38）

图 1-38　《From Hell》电影海报效果图

▶4．操作步骤

❶ 启动 Photoshop CS6，选择"文件"→"新建"命令或按【Ctrl+N】组合键，打开"新建"对话框。设置宽度为"600 像素"，高度为"800 像素"，分辨率为"72 像素/英寸"，颜色模式为"RGB 颜色"，名称为"From Hell"。

❷ 选择"文件"→"打开"命令，打开素材库中的"素材—女子"图片，选择工具箱中的"移动"工具，将图片拖至新建文件中，成为"图层 1"，位置如图 1-39 所示。

❸ 在图层控制面板中，选中"背景"图层，选择"图像"→"调整"→"反相"命令，或按【Ctrl+I】组合键，背景变为黑色。

❹ 选择"文件"→"打开"命令，打开素材库中的"素材—云"图片，选择工具箱中的"移动"工具，将图片拖至新建文件中，成为"图层 2"。在图层控制面板中，选中"图层 2"鼠标左键按住不放拖动至所有图层最上部，图层的"不透明度"设置为"40%"，如图 1-40 所示。

❺ 选择工具箱中的"橡皮擦"工具，在画面上单击鼠标右键，出现如图 1-41 所示的"画笔"面板，硬度设置为"0%"，主直径根据使用需要自行调节大小，将遮挡在女子身上的云擦掉，效果如图 1-42 所示。

注意：选择工具箱中"缩放"工具 ，对画面进行放大，进行细节、边缘部分的擦除，如图 1-43 所示，在选项栏中有"放大"和"缩小"的选项。

14

图 1-39　"女子"图片位置

图 1-40　图层不透明度设置

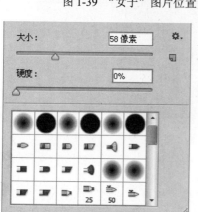

图 1-41　橡皮擦"画笔"设置

图 1-43　缩放工具

图 1-42　擦除人体上的云朵后效果

⑥ 在图层控制面板中，单击"创建新图层"按钮 🔲，新建"图层 3"。选择工具箱中的"油漆桶"工具 🪣，选择工具箱中的设置"前景色"工具 🔳，出现如图 1-44 所示对话框，设置前景色为 RGB（0，0，0），背景色为 RGB（255，255，255），按【Enter】键确认。在画面上单击鼠标左键，"图层 3"被填充为黑色。

⑦ 选择"滤镜"→"像素化"→"点状化"命令，打开"点状化"对话框，设置单元格大小为"7"。

⑧ 选择"图像"→"调整"→"阈值"命令，打开"阈值"对话框，如图 1-45 所示，设置阈值色阶为"163"。在图层控制面板中设置"图层 3"的不透明度为"70%"。

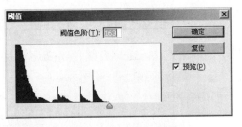

图 1-44 "前景色"设置　　　　　　　　图 1-45 "阈值"设置

⑨ 选择"滤镜"→"模糊"→"动感模糊"命令,打开"动感模糊"对话框,如图 1-46 所示,设置角度为"70"度,距离为"50"像素。在图层控制面板中,设置图层混合模式为"滤色",如图 1-47 所示。

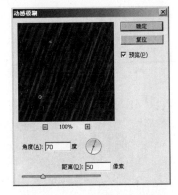

图 1-46 "动感模糊"设置　　　　　　　　图 1-47 图层混合模式设置

⑩ 选择"文件"→"打开"命令,打开素材库中的"素材—边框"图片,选择工具箱中的"移动"工具,将图片拖至文件中,成为"图层 4",使其与画面上下左右对齐。

⑪ 在图层控制面板中,选中"图层 1",选择"图像"→"调整"→"去色"命令,或按【Shift+Ctrl+U】组合键。整个画面效果如图 1-48 所示。

图 1-48 添加边框和去色后效果

⑫ 在图层控制面板中，选中"图层4"，选择工具箱中的"横排文字"工具 T，在图像中单击鼠标左键，输入文字"From Hell"，在其选项栏中设置字体为"Arial Black"，大小为"48点"，颜色值为RGB（255，255，255）。

⑬ 选择"编辑"→"变换"→"旋转90度（顺时针）"命令，如图1-49所示。在图层控制面板中，鼠标右键单击文字图层"From Hell"，在弹出的快捷菜单中选择"栅格化文字"命令，如图1-50所示。

图1-49 "旋转90度（顺时针）"命令

图1-50 "栅格化文字"命令

⑭ 选择"滤镜"→"风格化"→"风"命令，打开"风"对话框，如图1-51所示。设置方向为"从左"，其他为默认值。重复该步骤，做3次风的效果。选择"编辑"→"变换"→"旋转90度（逆时针）"命令。画面效果如图1-52所示。

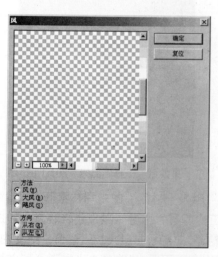

图1-51 "风"设置

图1-52 文字设置"风"后效果

⑮ 选择"滤镜"→"模糊"→"高斯模糊"命令，打开"高斯模糊"对话框，设置半径为"1.5"像素。

⑯ 在图层控制面板中，单击"创建新图层"按钮 🗔，新建"图层 5"。选择工具箱中的"油漆桶"工具 🪣，选择工具箱中的"设置前景色"工具 ▣，设置颜色值为 RGB（0，0，0），按【Enter】键确认。在画面上单击鼠标左键，"图层 5"被填充为黑色。在图层控制面板中，选中"图层 5"鼠标左键按住不放拖动至"From Hell"图层下方，如图 1-53 所示。

⑰ 在图层控制面板中，选中"From Hell"图层，选择"图层"→"向下合并"命令，或按【Ctrl+E】组合键，如图 1-54 所示。

图 1-53　图层位置设置

图 1-54　"向下合并"命令

⑱ 选择"图像"→"调整"→"色相/饱和度"命令，打开"色相/饱和度"对话框，勾选"着色"选项，设置色相为"40"，饱和度为"100"，如图 1-55 所示。

⑲ 在图层控制面板中，选中"图层 5"，单击鼠标右键，在弹出的快捷菜单中选择"复制图层"命令，生成"图层 5 副本"，如图 1-56 所示。选择"图像"→"调整"→"色相/饱和度"命令，打开"色相/饱和度"对话框，勾选"着色"选项，设置饱和度为"100"。

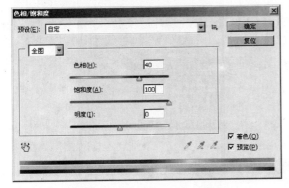

图 1-55　"色相/饱和度"设置

图 1-56　复制图层 5

㉑ 在图层控制面板中，设置"图层5副本"的图层混合模式为"柔光"，如图1-57所示。选择"图层"→"向下合并"命令，或按【Ctrl+E】组合键，合并"图层5副本"与"图层5"。在图层控制面板中，设置合并后的"图层5"图层混合模式为"滤色"，画面效果如图1-58所示。

㉑ 选择"文件"→"存储为"命令，将图像进行保存。

图1-57 "柔光"设置　　　　图1-58 滤色后效果

5. 技巧点拨

1）模糊滤镜

模糊滤镜的作用是柔化选区图像或整个图像，达到修饰画面的效果。选择"滤镜"→"模糊"命令，出现如图1-59所示菜单。

（1）表面模糊

在保留图像边缘的同时起到模糊图像的作用，这种效果可以消除杂色或颗粒感。"半径"选项指模糊取样范围的大小，"阈值"选项指色阶相差多少而模糊的范围。

（2）动感模糊

在360°范围内沿指定方向以指定强度（1～999像素）进行模糊。

（3）方框模糊

利用相邻像素的平均颜色值达到模糊图像的效果，半径设置越大，模糊效果越好。

（4）高斯模糊

通过调整模糊半径来快速模糊图像，产生一种朦胧的效果。

（5）进一步模糊和模糊

两种模糊都能对图像中有明显颜色变化的地方进行杂色消除，从而达到模糊的效果。进一步模糊的效果比模糊的效果强三四倍。

图1-59 "模糊滤镜"菜单

18

（6）径向模糊

模糊方法分为"缩放"和"旋转"，如图 1-60 所示。"旋转"模糊是指沿同心圆环线模糊，然后旋转一定的角度。"缩放"模糊是指沿径向线模糊，然后放大或缩小。数量输入值范围为 1～100，模糊的品质分为"草图"、"好"和"最好"。拖动"中心模糊"框中的图案可选择模糊的原点。

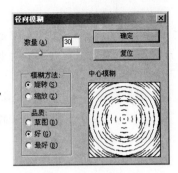

图 1-60 "径向模糊"设置

（7）镜头模糊

使图像中的某些区域在焦点内，另一些区域变模糊，从而产生景深效果。

（8）平均

根据图像或选区的平均颜色，使用该颜色填充图像或选区。

（9）特殊模糊

通过调节半径、阈值、品质、模式来进行模糊。模式中有"正常"、"仅限边缘"和"叠加边缘"三个选项。

（10）形状模糊

使用指定的形状来进行模糊。在自定形状预设列表中任选一种形状，通过改变"半径"来调整其大小，也可载入不同的形状库。形状越大，模糊效果越好。

2）像素化滤镜

像素化滤镜是使单元格中颜色值相近的像素结成相近颜色的像素块。选择"滤镜"→"像素化"命令，出现如图 1-61 所示菜单。

（1）彩块化

使图像看起来类似手绘效果或类似抽象派绘画的效果。

图 1-61 "像素化滤镜"菜单

（2）彩色半调

在图像的每个通道中将图像划分为矩形，用圆形替换每个矩形。矩形的亮度决定圆形的大小。

（3）点状化

分解图像中的颜色并进行随机分布。

（4）晶格化

相近的像素结成像素块从而形成多边形的纯色。

（5）马赛克

像素结为方形像素块。

（6）碎片

图像中像素的副本进行相互偏移从而产生模糊效果。

（7）铜版雕刻

将图像变为随机的网点图案。在"类型"菜单中分别有"精细点"、"中等点"、"粒状点"、"粗网点"、"短直线"、"中长直线"、"长直线"、"短描边"、"中长描边"和"长描边"选项。

3）风格化滤镜

风格化滤镜通过置换像素、查找使图像或选区产生绘画或印象派的效果。选择"滤镜"→"风格化"命令，出现如图 1-62 所示菜单。

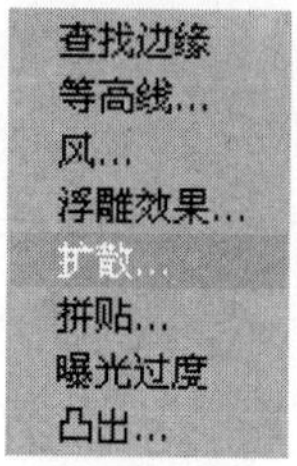

（1）查找边缘

用特定颜色的线条勾勒图像的边缘。

（2）等高线

淡淡地勾勒每个颜色通道的主要亮度区域。

图 1-62　"风格化滤镜"菜单

（3）风

模拟风吹的效果。方法分为"风"、"大风"和"飓风"，方向分为"从右"和"从左"。

（4）浮雕效果

模拟浮雕的效果。可改变立体的角度、浮雕的高度等。

（5）扩散

对图像进行虚化焦点。模式分为"正常"、"变暗优先"、"变亮优先"和"各向异性"。

（6）拼贴

将图像分解为不同的区域并使其偏离原来的位置。

（7）曝光过度

模拟摄影中曝光过度的效果。

（8）凸出

模拟三维纹理效果。

4）旋转画布

旋转画布可对整个图像进行旋转或翻转，但不能旋转或翻转单个图层或选区等。选择"图像"→"图像旋转"命令，出现如图 1-63 所示菜单。

图 1-63　"旋转画布"菜单

（1）180 度

图像旋转 180 度。

（2）90 度（顺时针）

图像顺时针旋转 90 度。

（3）90 度（逆时针）

图像逆时针旋转 90 度。

（4）任意角度

根据顺时针、逆时针方向输入指定角度进行旋转。

（5）水平翻转画布

图像水平方向翻转。

（6）垂直翻转画布

图像垂直方向翻转。

1.2.2 应用模式——《生死时速》电影海报

▶**1. 任务效果图**（见图 1-64）

图 1-64 《生死时速》电影海报效果图

▶**2. 关键步骤**

① 打开素材库中的"素材—海报"图片，选择工具箱中的"横排文字"工具 T，在图像中单击鼠标左键，输入文字"生死时速"，字体选择"宋体"。

注意： 在输入中文字体前，先设置输入法为中文，然后选择"横排文字"工具输入文字。

② 单击选项栏中的"显示/隐藏字符和段落调板"按钮 圁，打开如图 1-65 所示的字符调板。选择"仿粗体"命令 **T**、"仿斜体"命令 *T*。

③ 选择"风"命令修饰文字"生死时速"后，选择"滤镜"→"扭曲"→"波纹"命令，打开"波纹"对话框，如图 1-66 所示。设置数量为"100%"，大小为"中"。

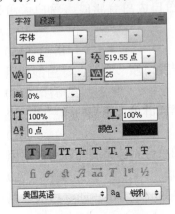

图 1-65 "字符"设置

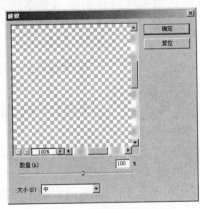

图 1-66 "波纹"设置

☑ 1.3 任务3 公共招贴画制作

1.3.1 引导模式——"国庆60华诞"公共招贴画

▶ 1. 任务描述

利用"图层样式"、"油漆桶"工具等，制作一张充满喜庆色彩，主题为"国庆60华诞"的公共招贴画。

▶ 2. 能力目标

① 能熟练运用"图层样式"添加投影、渐变等效果；
② 能熟练运用"外发光"模式中不同"等高线"模式实现多种外发光效果；
③ 能熟练运用"描边"命令制作描边效果；
④ 能在"渐变编辑器"中对渐变进行编辑修改从而达到不同的渐变色彩效果。

▶ 3. 任务效果图（见图1-67）

图1-67 "国庆60华诞"公共招贴画效果图

▶ 4. 操作步骤

❶ 启动Photoshop CS6，选择"文件"→"新建"命令或按【Ctrl+N】组合键，打开"新建"对话框，设置宽度为"800像素"，高度为"600像素"，分辨率为"72像素/英寸"，颜色模式为"RGB颜色"，名称为"国庆60华诞"。

❷ 选择工具箱中的"油漆桶"工具 🖌，出现如图1-68所示的菜单选项，选择"渐变"工具 ■。单击选项栏中的"点按可编辑渐变"按钮，如图1-69所示。在"渐变编辑器"对话框中单击左下角的色标符号 🔒，单击"颜色" 颜色:▇▶，设置颜色值为RGB（96，0，0），单击右下角的色标符号 🔒，单击"颜色" 颜色:▯▶，设置颜色值为RGB

（96，0，0）。在颜色条下方靠左的位置和靠右的位置分别用鼠标左键单击进行"添加色标"，均设置颜色值为 RGB（204，30，31），如图 1-70 所示。

❸ 按住【Shift】键不放，鼠标自画面顶部至底部拉一条直线，即可填充渐变，效果如图 1-71 所示。

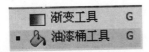

图 1-68　菜单

图 1-69　"点按可编辑渐变"按钮

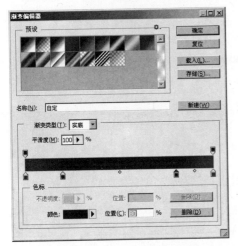

图 1-70　"渐变编辑器"设置

图 1-71　渐变后效果

❹ 打开素材库中的"素材—花纹"图片。选择"选择"→"色彩范围"命令，打开"色彩范围"对话框，如图 1-72 所示。设置颜色容差为"200"，选择花纹，单击"确定"按钮。选择"移动"工具将花纹拖至新建文件中，按【Ctrl+I】组合键，使花纹变为白色。在图层控制面板中，设置图层混合模式为"叠加"，效果如图 1-73 所示。

图 1-72　"色彩范围"设置

图 1-73　添加"花纹"后效果

❺ 打开素材库中的"素材—礼花"图片，选择工具箱中"移动"工具，将图片拖至新建文件中，成为"图层 2"。选择"编辑"→"变换"→"水平翻转"命令，效果

如图 1-74 所示。

⑥ 打开素材库中的"素材—天安门"图片，将图片拖至新建文件中，成为"图层 3"。在图层控制面板中，鼠标右键单击该图层，在弹出的快捷菜单中选择"混合选项"命令，打开"图层样式"对话框，勾选"外发光"选项，设置扩展为"15%"，大小为"20"像素。单击等高线图标右边的小三角，在下拉菜单中选择"锥形–反转" ，如图 1-75 所示。画面效果如图 1-76 所示。

⑦ 打开素材库中的"素材—华表"图片，将图片拖至新建文件中，成为"图层 4"。在图层控制面板中，鼠标右键单击该图层，在弹出的快捷菜单中选择"混合选项"命令，打开"图层样式"对话框，勾选"投影"选项，设置距离为"5"像素，扩展为"10%"，大小为"10"像素，如图 1-77 所示。画面效果如图 1-78 所示。

图 1-74 添加"礼花"后效果图

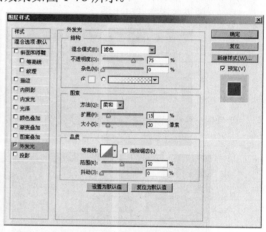

图 1-75 "外发光"设置

图 1-76 外发光后效果

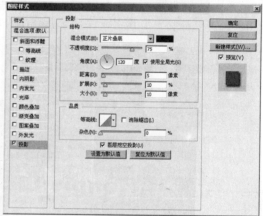

图 1-77 "投影"设置

⑧ 选择工具箱中的"横排文字"工具 T，在图像上单击鼠标左键，输入文字"祝福祖国"，在选项栏中，设置字体为"华文新魏"，大小为"55 点"，颜色值为 RGB（255，204，0）。画面效果如图 1-79 所示。

⑨ 选择工具箱中的"横排文字"工具 T，在图像上单击鼠标左键，输入文字"60华诞"，在选项栏中，设置字体为"华文行楷"。选中文字"60"设置大小为"120 点"，选中文字"华诞"设置大小为"100 点"，颜色值为 RGB（255，204，0）。单击选项栏中

的"显示/隐藏字符和段落调板"按钮 圖，打开字符调板设置文字"60"为"仿粗体" **T**、
文字"华诞"为"仿斜体" *T*、字距 ₩ 为"100"，如图1-80所示。

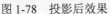

图1-78 投影后效果　　　　　图1-79 添加"祝福祖国"文字后效果

⑩ 在图层控制面板中，鼠标右键单击"60 华诞"图层，在弹出的快捷菜单中选择
"混合选项"命令，打开"图层样式"对话框，勾选"投影"选项，设置不透明度为"50%"，
扩展为"10%"，大小为"10"像素，如图1-81所示。勾选"斜面和浮雕"选项。设置样
式为"浮雕效果"，方法为"平滑"，深度为"50%"，大小为"10"像素，如图1-82所示。
勾选"渐变叠加"选项，单击可渐变编辑，设置"橙，黄，橙渐变"渐变样式，单击"确
定"按钮，设置缩放为"80%"，如图1-83所示。画面效果如图1-84所示。

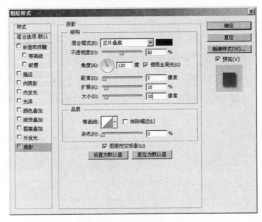

图1-80 "字符"设置　　　　　图1-81 "投影"设置

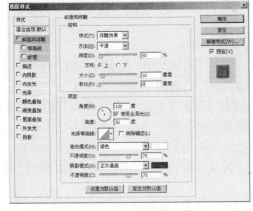

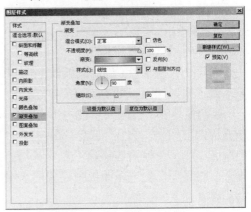

图1-82 "斜面和浮雕"设置　　　　　图1-83 "渐变叠加"设置

⑪ 打开素材库中的"素材—礼花"图片，选择工具箱中的"矩形选框"工具，在图像上拖动选择一个小礼花，使用"移动"工具将其拖至"国庆 60 华诞"文件中置于画面右上方，成为"图层 5"。在图层控制面板中，设置该图层不透明度为"80%"，最终画面效果如图 1-85 所示。

图 1-84　添加"60 华诞"后效果　　　　　图 1-85　添加"小礼花"后效果

⑫ 选择"文件"→"存储为"命令，将图像进行保存。

▶ 5. 技巧点拨

1）图像的填充

（1）使用"油漆桶"工具填充

选择工具箱中的"油漆桶"工具，选择一种前景色，在选项栏中可选择使用前景色或者图案进行填充，如图 1-86 所示。可选择混合"模式"，设置"不透明度"、"容差"（容差范围为 0～255）。"消除锯齿"可使填充选区的边缘平滑，"连续的"仅填充与鼠标单击处像素邻近的像素，"所有图层"指填充所有可见图层中的合并颜色，如图 1-87 所示。

图 1-86　前景或图案填充设置

图 1-87　"油漆桶"工具选项栏

注意：若不想填充透明区域，在图层控制面板中，选择"锁定透明像素"按钮，如图 1-88 所示。

（2）使用"填充"命令

选择一种前景色，选择"编辑"→"填充"命令，或按【Shift+F5】组合键，打开"填充"对话框，如图 1-89 所示。在"使用"下拉菜单中，"前景色"、"背景色"、"黑色"、"50% 灰色"和"白色"指使用指定颜色填充选区；"颜色"指从拾色器中选择颜色进行填充；内容识别，它利用选区周围综合性的细节信息来创建一个填充区域，从而将图片的选区中物体替换或者移除不需要的物体；"图案"指使用图案进行填充；"历史记录"指选区恢复至历史记录面板中设置的原始图像状态或快照，如图 1-90 所示。同时设置"混合模式"和"不透明度"。

图 1-88 锁定透明像素设置　　　　　图 1-89 "填充"设置

2）图像的描边

"描边"命令可为选区、路径或图像添加彩色边框。选择一种前景色，单击"编辑"→"描边"命令，打开"描边"对话框，如图 1-91 所示。设置描边"宽度"与"颜色"、描边"位置"、"混合模式"和"不透明度"。

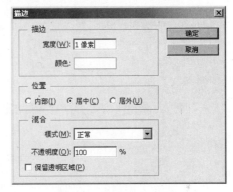

图 1-90 "使用"菜单　　　　　　图 1-91 "描边"对话框

1.3.2 应用模式——"元宵节"公共招贴画

▶1. 任务效果图（见图 1-92）

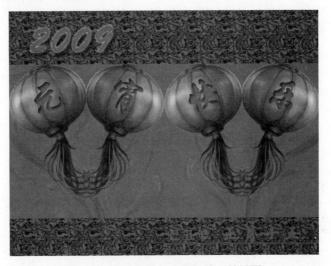

图 1-92 "元宵节"公共招贴画效果图

▶2. 关键步骤

① 在图层控制面板中，双击"背景"图层，在弹出的"新建图层"对话框中单击"确定"按钮，成为"图层0"。选择工具箱中的"油漆桶"工具为整个画面填充一个红色背景，勾选"图层样式"对话框中的"图案叠加"选项，设置混合模式为"变暗"，如图1-93所示。选择"图案"下拉菜单右侧的 ⚙ 出现如图1-94所示菜单，选择"图案"命令后在弹出对话框中单击"追加"按钮，如图1-95所示。然后在图案中选择"星云"，画面效果如图1-96所示。

② 选择工具箱中的"矩形"工具▣，在画布中拉出一个长方形，勾选该图层"图层样式"对话框中的"渐变叠加"选项，设置"橙，黄，橙渐变"渐变样式，角度为"90"度。画面效果如图1-97所示。

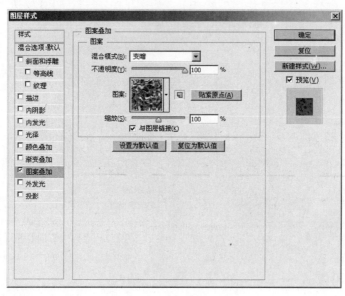

图1-93 "图案叠加"设置

图1-94 图案追加菜单

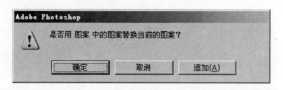

图1-95 图案追加对话框

28

图 1-96　图案叠加后效果

图 1-97　渐变叠加后效果

③ 打开素材库中的"素材—飘带"图片，选择工具箱中"移动"工具，将图片拖至新建文件中。在图层控制面板中，设置图层不透明度为"20%"，复制飘带图层，并进行水平翻转，效果如图 1-98 所示。

④ 选择工具箱中的"横排文字"工具，输入文字"元"，在其"图层样式"对话框中勾选"内阴影"选项，设置角度为"120"度，距离为"3"像素，大小为"5"像素。文字"宵"、"快"、"乐"制作方法同上，画面效果如图 1-99 所示。

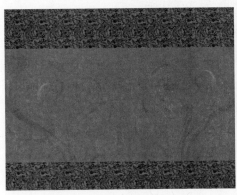

图 1-98　添加"飘带"后效果

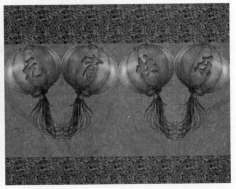

图 1-99　"内阴影"设置效果

⑤ 选择工具箱中的"矩形"工具，出现如图 1-100 所示的菜单，选择"直线"工具。按住【Shift】键不放，同时在画面上拖动，画出一条水平的直线。设置线条颜色值为 RGB（255，209，0）。在其"图层样式"对话框中勾选"描边"选项，设置大小为"1"像素，位置为"外部"。

图 1-100　"形状"工具菜单

1.4　任务 4　商业招贴画制作

1.4.1　引导模式——"运动鞋"商业招贴画

▶ 1. 任务描述

利用"杂色滤镜"、"云彩滤镜"命令、"图层混合模式"设置等，制作一张较为时尚简洁，以运动鞋为主题的商业招贴画。

▶2．能力目标

① 能熟练运用"杂色滤镜"制作背景纹理；
② 能熟练运用"云彩滤镜"制作背景明暗效果；
③ 能熟练运用"图层混合模式"对图层进行各种混合效果处理；
④ 能运用"画笔"面板对画笔形状、抖动进行设置，制作散落效果。

▶3．任务效果图（见图 1-101）

图 1-101 "运动鞋"商业招贴画效果图

▶4．操作步骤

❶ 打开"新建文件"对话框，设置宽度为"600 像素"，高度为"800 像素"，分辨率为"72 像素/英寸"，颜色模式为"RGB 颜色"，名称为"运动鞋"。

❷ 在图层控制面板中，双击"背景"图层，出现如图 1-102 所示的对话框，单击"确定"按钮，成为"图层 0"。选择"图层"→"图层样式"→"混合选项"命令，打开"图层样式"对话框，勾选"渐变叠加"选项，单击"点按可编辑渐变"按钮，设置左边色标颜色值为 RGB（59，59，59），右边色标颜色值为 RGB（89，89，89），勾选"反向"选项，如图 1-103 所示。

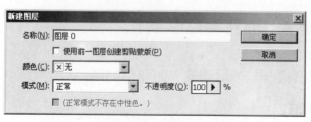

图 1-102 "新建图层"设置

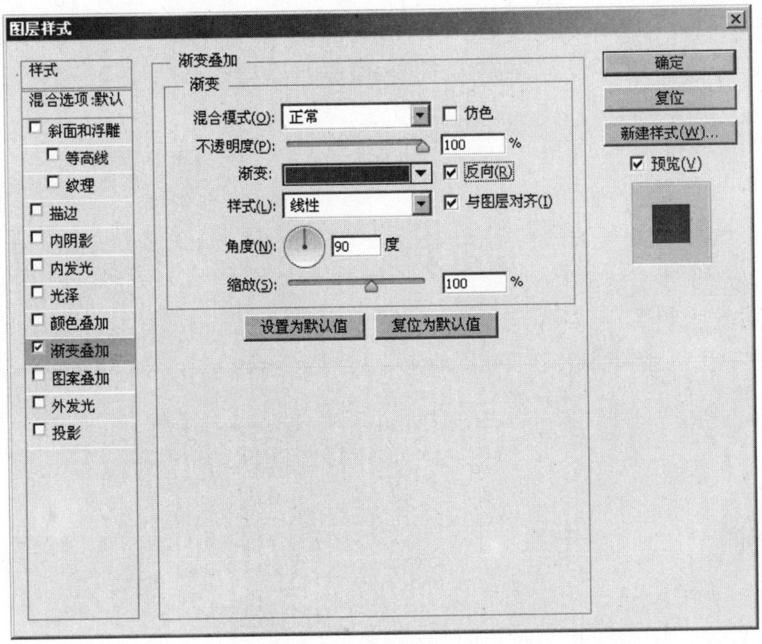

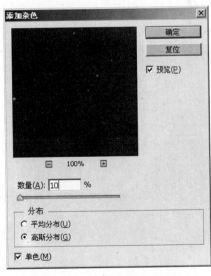

图 1-103 "渐变叠加"设置

❸ 在图层控制面板中，单击"创建新图层"按钮 □，双击"图层 1"文字更改图层名为"Star"，如图 1-104 所示。使用"油漆桶"工具将该图层填充为黑色。选择"滤镜"→"杂色"→"添加杂色"命令，打开"添加杂色"对话框，如图 1-105 所示。设置数量为"10%"，分布为"高斯分布"，勾选"单色"选项。选择"图像"→"调整"→"亮度/对比度"命令，打开"亮度/对比度"对话框，设置对比度为"30"。在图层控制面板中，设置该图层的混合模式为"叠加"。

图 1-104　图层名称设置

图 1-105　"添加杂色"设置

❹ 在图层控制面板中，单击"创建新图层"按钮 □，双击"图层 1"文字更改图层名为"Cloud"。设置前景色为黑色，背景色为白色，选择"滤镜"→"渲染"→"云彩"命令。在图层控制面板中，设置该图层的混合模式为"叠加"，如图 1-106 所示。

⑤ 打开素材库中的"素材—云"图片，将图片拖至新建文件中，成为"图层 1"，调整其大小，如图 1-107 所示。在图层控制面板中，设置该图层的混合模式为"强光"，图层不透明度为"10%"。

图 1-106　图层混合模式设置

图 1-107　调整"云"位置后效果

⑥ 打开素材库中的"素材—鞋"图片，将图片拖至新建文件中，成为"图层 2"。选择"编辑"→"变换"→"旋转"命令，旋转鞋子使其头部朝右下方，使用"自由变换"命令缩小鞋子，并置于画面的中心。在图层控制面板中，设置该图层的混合模式为"变亮"。选择"图像"→"调整"→"色相/饱和度"命令，打开"色相/饱和度"对话框，设置饱和度为"-20"。画面效果如图 1-108 所示。

⑦ 选择工具箱中"魔棒"工具 ，在选项栏中设置容差为"30"，选中"图层 2"鞋子下方的区域，如图 1-109 所示，按【Delete】键将所选区域删除。按【Ctrl+D】组合键，取消选区。

图 1-108　添加"鞋子"后效果

图 1-109　"魔棒"选区选择

⑧ 打开素材库中的"素材—火焰"图片，选择工具箱中的"矩形选框"工具 ，在图像上选择部分火焰，使用"移动"工具将其拖至新建文件中，成为"图层 3"。使用"自由变换"命令，对火焰进行缩放、旋转，置于鞋头位置。在图层控制面板中，设置该图层的混合模式为"变亮"。使用"橡皮擦"工具，设置硬度为"0%"，将多余的火焰部

分擦去。复制"图层 3"三次，选择"图层"→"向下合并"命令，或按【Ctrl+E】组合键，合并三个火焰图层为一个图层，效果如图 1-110 所示。

⑨ 打开素材库中的"素材—烟"图片，将图片拖至新建文件中，成为"图层 4"。使用"自由变换"命令调整烟的大小、角度与位置。在图层控制面板中，设置该图层的混合模式为"滤色"。复制"图层 4"为"图层 4 副本"，调整色相为绿色，使用"自由变换"命令调整其大小和位置。在图层控制面板中，设置该图层的混合模式为"浅色"，画面效果如图 1-111 所示。

图 1-110　添加"火焰"后效果

图 1-111　添加"烟"后效果

⑩ 选择工具箱中的"画笔"工具，单击控制面板中的"画笔"面板按钮。打开画笔对话框，选择"画笔笔尖形状"，设置直径为"9 像素"，硬度为"100%"，间距为"632%"，如图 1-112 所示。选择"形状动态"选项，设置大小抖动为"50%"，控制为"钢笔压力"，最小直径为"50%"，角度抖动为"50%"，圆度抖动为"50%"，最小圆度为"25%"，如图 1-113 所示。选择"散布"选项，设置散布为"1000%"，控制为"关"，数量为"4"，数量抖动为"100%"，控制为"钢笔压力"，如图 1-114 所示。在鞋子周围进行绘制，添加散落效果，画面效果如图 1-115 所示。

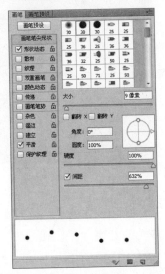

图 1-112　"画笔笔尖形状"设置

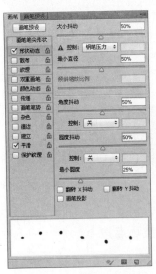

图 1-113　"形状动态"设置

图 1-114 "散布"设置

图 1-115 添加画笔后效果

⑪ 选择工具箱中的"横排文字"工具，在画面右上方输入文字"我运动 我时尚"，在选项栏中设置字体为"黑体"，大小为"18 点"、"仿粗体" **T**。设置文字"我"的颜色值为 RGB（255，111，64），文字"运"的颜色值为 RGB（255，153，0），文字"动"的颜色值为 RGB（255，204，51），文字"我"的颜色值为 RGB（242，175，50），文字"时"的颜色值为 RGB（255，161，45），文字"尚"的颜色值为 RGB（255，121，0）。复制"我运动 我时尚"文字图层为"我运动 我时尚"副本图层，在图层控制面板中设置不透明度为"40%"，使用"移动"工具向右下方微移，如图 1-116 所示。画面最终效果如图 1-117 所示。

图 1-116 文字图层副本位移后效果

图 1-117 添加文字后效果

⑫ 选择"文件"→"存储为"命令，将图像进行保存。

5. 技巧点拨

1）杂色滤镜

杂色滤镜可添加或除去杂色，除去如灰尘和划痕等有问题的区域，或者创建纹理。

选择"滤镜"→"杂色"命令，出现如图1-118所示菜单。

（1）减少杂色

在保留物体边缘的同时减少杂色。

（2）蒙尘与划痕

更改不同的像素来减少杂色。通过设置"半径"与"阈值"来获得所要的效果。

（3）去斑

检测图像边缘并自动模糊边缘外的所有区域，在除去杂色的同时保留图像细节。

（4）添加杂色

添加随机像素于图像。杂色分布设置为"平均分布"和"高斯分布"。

（5）中间值

设置像素选区的半径范围，除去差异太大的相邻像素，达到消除或减少图像的动感效果。

2）渲染滤镜

渲染滤镜在画面中创建一些特殊光照效果或是三维效果。选择"滤镜"→"渲染"命令，出现如图1-119所示菜单。

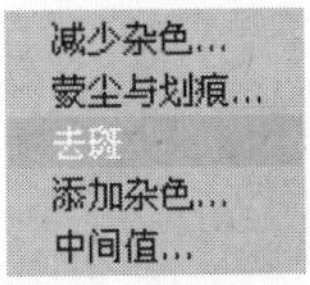

图1-118 "杂色滤镜"菜单

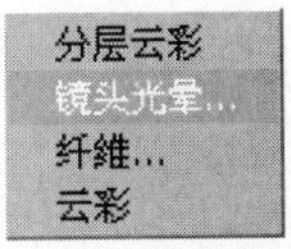

图1-119 "渲染滤镜"菜单

（1）分层云彩

使用前景色与背景色之间的颜色值在图像中随机生成云彩图案。

（2）镜头光晕

模拟光照射到相机镜头所产生的折射。共有4种镜头类型，可拖动光晕中心位置及设置光晕亮度。

（3）纤维

使用前景色与背景色创建编织纤维的效果。"差异"设置颜色的变化方式，"强度"设置每根纤维的效果。"随机化"会改变图案的外观，可多次单击。

（4）云彩

使用前景色与背景色之间随机的颜色值生成云彩图案。

3）图层混合模式

使用图层混合模式可创建各种特殊的效果。在图层控制面板中，选择一个图层，单击"混合模式"下拉菜单如图1-120所示。

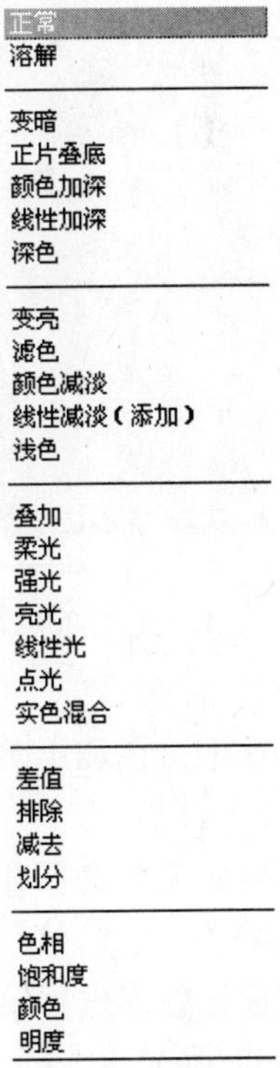

（1）正常

默认模式，为图像的原始色彩。

（2）溶解

混合结果由原始色彩或混合色的像素进行随机替换。

图1-120 图层"混合模式"菜单

（3）变暗

选择原始色彩或混合色中较暗的颜色作为混合结果。

（4）正片叠底

将原始色彩与混合色进行正片叠底。

（5）颜色加深

增加对比度使原始色彩变暗，但是与白色混合不会产生变化。

（6）线性加深

减小亮度使原始色彩变暗，与白色混合后不产生变化，如图 1-121 所示。

（7）深色

对比混合色和原始色彩所有通道值的总和，显示值较小的颜色。

（8）变亮

选择原始色彩或混合色中较亮的颜色作为混合结果。

（9）滤色

选择混合色的互补色与原始色彩进行正片叠底，白色过滤后仍然为白色，如图 1-122 所示。

（10）颜色减淡

减小对比度使原始色彩变亮，与黑色混合不产生变化。

（11）线性减淡（添加）

增加亮度使原始色彩变亮，与黑色混合不产生变化，如图 1-123 所示。

图 1-121　线性加深后效果　　　图 1-122　滤色后效果　　　图 1-123　线性减淡后效果

（12）浅色

对比混合色和原始色彩的所有通道值的总和，显示值较大的颜色。

（13）叠加

对原始色彩进行叠加混合。

（14）柔光

对原始色彩进行柔光混合。

（15）强光

对原始色彩进行强光混合。

（16）亮光

对原始色彩进行亮光混合，如图 1-124 所示。

（17）线性光

对原始色彩进行线性光混合。

（18）点光

根据混合色替换颜色。

（19）实色混合

将红、绿、蓝色彩通道值添加到原始色彩的 RGB 值，如图 1-125 所示。

（20）差值

从原始色彩中减去混合色，或从混合色中减去原始色彩。

（21）排除

与差值模式相似，但对比度较低，如图 1-126 所示。

图 1-124　亮光后效果　　　　图 1-125　实色混合后效果　　　　图 1-126　排除后效果

（22）减去

原始色减去混合色，与差值模式类似，如果混合色与基色相同，那么结果色为黑色。

（23）划分

原始色分割混合色，颜色对比度较强。在划分模式下如果混合色与基色相同则结果色为白色，如混合色为白色则结果色为基色不变，如混合色为黑色则结果色为白色。

（24）色相

用原始色彩的亮度、饱和度与混合色的色相产生混合结果。

（25）饱和度

用原始色彩的亮度、色相与混合色的饱和度产生混合结果。

（26）颜色

用原始色彩的亮度与混合色的色相、饱和度产生混合结果。

（27）明度

用原始色彩的色相、饱和度与混合色的亮度产生混合结果。

1.4.2 应用模式——"安踏"商业招贴画

▶ 1. 任务效果图（见图1-127）

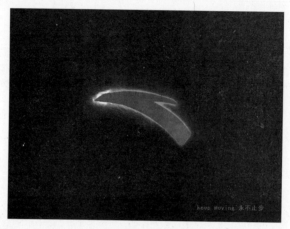

图1-127 "安踏"商业招贴画效果图

▶ 2. 关键步骤

① 在图层控制面板中，双击"背景"图层，在弹出的"新建图层"对话框中单击"确定"按钮，成为"图层0"。选择"图层"→"图层样式"→"混合选项"命令，打开"图层样式"对话框，勾选"渐变叠加"选项，单击"点按可编辑渐变"按钮，设置左边色标颜色值为RGB（21，11，6），右边色标颜色值为RGB（50，28，15）。新建图层为"图层1"，设置前景色为黑色、背景色为白色，选择"滤镜"→"渲染"→"云彩"命令，在图层控制面板中，设置图层混合模式为"颜色减淡"，效果如图1-128所示。

② 使用"橡皮擦"工具，硬度设置为"0%"，画笔尺寸选择较大一些的，保留画面中间的部分云彩，其余的擦除。

③ 打开素材库中"素材—安踏标志"图片，选择"移动"工具，将图片拖至文件中。在"图层样式"对话框中勾选"外发光"选项，设置混合模式为"颜色减淡"，不透明度为"80%"，扩展为"18%"，大小为"18"像素，范围为"71%"。画面效果如图1-129所示。

 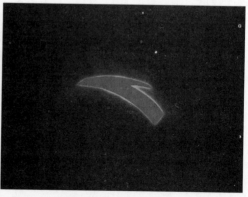

图1-128 添加"云彩"后效果　　　　　图1-129 外发光后效果

④ 打开素材库中"素材—火焰"图片，选择 "移动"工具，将图片拖至文件中。在图层控制面板中，设置图层混合模式为"滤色"，使用"橡皮擦"工具将多余的部分擦除，然后复制火焰图层两次，画面效果如图 1-130 所示。

⑤ 使用"橡皮擦"工具在安踏标志尾部单击一下，使该部分红色减弱，从而产生立体效果，画面如图 1-131 所示。

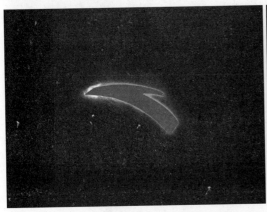 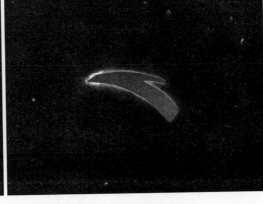

图 1-130　添加"火焰"后效果　　　　　图 1-131　使用橡皮擦后效果

◤ 1.5　实践模式——"Avril Lavigne"明星海报设计

➡ 知识扩展

设计海报及招贴画时，一般以图片为主，文字为辅，且图片与文字不可使用过多，以免产生杂乱的感觉。在图片的运用上应讲究形式新奇、内容直接，在文字的使用上则一定要简洁明了、主题醒目。

挑选与主题相关的素材时，尽可能多收集以便挑选出最为合适的图片与文字。在设计过程中注重色彩对人们视觉、心理上所产生的影响，如红色字体更容易吸引人们的视线，蓝色湖水图片较适合制作公益广告，鲜艳夺目的色彩适合商业广告。

➡ 相关素材

根据素材制作两张摇滚明星 Avril Lavigne 的海报。制作要求如下。

（1）根据 Avril Lavigne 摇滚明星的一张照片（素材 1-1）进行制作，尽量选择画面中已有的颜色进行搭配，能够使整个画面色彩更为协调统一。明星的名字与其他字体之间的主次关系可通过字体大小、颜色进行区分，主题字可添加阴影、外发光等效果从而达到突出的目的。可参考如图 1-132 所示效果图制作。

（2）根据 Avril Lavigne 摇滚明星的 8 张个人图片（素材 1-2）进行合理搭配，可以通过添加描边效果、调节图层的不透明度等方式来处理好图片与图片之间的拼接，添加文字及颜色、形状等不同的效果给图片增加装饰。可参考如图 1-133 所示效果图制作。

素材 1-1　明星照片　　　　　　　　　　　　图 1-132　参考效果图

素材 1-2　明星照片

图 1-133　参考效果图

1.6　知识点练习

一、填空题

1．使用"自由变换"工具的组合键是_____。

2．图像分辨率的单位是_____。

3．在 Photoshop 中，创建新图像文件的组合键是_____。

二、选择题

1．观察图 1-134 中所示的"图像大小"对话框，以下说法错误的是哪项？（　　　）

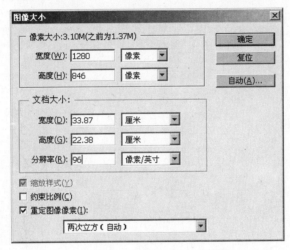

图 1-134　"图像大小"对话框

A．修改"像素大小"区域中的"宽度"数值后，"高度"数值将自动变化

B．修改"像素大小"区域中的"宽度"数值后，"高度"数值不会自动变化

C．修改"像素大小"区域中的"宽度"数值后，"文档大小"区域中的"宽度"数值不会自动变化

D．修改"像素大小"区域中的"宽度"数值后，"文档大小"区域中的"高度"数值会自动变化

2．下面对"模糊"工具功能的描述中正确的是（　　　）。

A．"模糊"工具只能使图像的一部分边缘模糊

B．"模糊"工具的强度是不能调整的

C．"模糊"工具可降低相邻像素的对比度

D．如果在有图层的图像上使用"模糊"工具，只有所选中的图层才会起变化

3．下面可以减少图像的饱和度的工具是（　　　）。

A．"加深"工具　　　　　　　　　　B．"锐化"工具（正常模式）

C．"海绵"工具　　　　　　　　　　D．"模糊"工具（正常模式）

4．使用"云彩"滤镜时，在按住（　　　）键的同时选取"云彩"命令，可生成对比度更明显的云彩图案。

A.【Alt】 　　　　B.【Ctrl】 　　　　C.【Ctrl+Alt】组合 　　　　D.【Shift】

5．下面的（　　）滤镜可以用来去掉扫描的照片上的斑点，使图像更清晰。

A．模糊—高斯模糊 　　　　　　　　B．艺术效果—海绵

C．杂色—去斑 　　　　　　　　　　D．素描—水彩画笔

三、判断题

1．"色彩范围"命令用于选取整个图像中的相似区域。 　　　　　　　　（　　）

2．保存图像文件的组合键是【Ctrl+D】。 　　　　　　　　　　　　　（　　）

3．在拼合图层时，会将暂不显示的图层全部删除。 　　　　　　　　　（　　）

艺术照、婚纱照、证件照是日常生活中常常会用到的图片形式，如空间图片、影集等。由于设备的不理想，环境的不理想，以及个性化特征，拍出的照片总是不能满足要求，这时对日常图片的基本处理和艺术化的处理就显得尤为重要了。构图的美观，色调的统一，以及画面的风格感觉，都是影响一张图片好坏的重要因素。因此要通过运用色调处理、对比度处理、图片合成、画面裁剪构图等手段让照片达到最佳状态。

2.1 任务 1 婚纱照制作

2.1.1 引导模式——浪漫时尚婚纱照制作

▶1. 任务描述

利用"色相/饱和度"、"曲线"等工具完成一张婚纱照的制作。

▶2. 能力目标

① 能熟练运用"色相/饱和度"工具调整照片的色彩与饱和度；
② 能熟练运用"色阶"工具调整照片的明度；
③ 能熟练运用"可选颜色"工具调整图片的色彩；
④ 能熟练运用"盖印图层"命令产生图层合并效果。

▶3. 任务效果图（见图 2-1）

图 2-1 "浪漫时尚婚纱照"效果图

▶4．操作步骤

① 选择"文件"→"打开"命令，或按【Ctrl+O】组合键，打开素材库中"素材—浪漫时尚婚纱照"图片，如图 2-2 所示。

图 2-2 "素材—浪漫时尚婚纱照"图片

② 在图层控制面板中，选中"背景"图层，单击鼠标右键，在弹出的快捷菜单栏中选择"复制图层"命令，生成"背景副本"图层，如图 2-3 所示。选择"滤镜"→"模糊"→"高斯模糊"命令，设置半径数值为"4.0"，如图 2-4 所示。在图层控制面板中，设置"背景副本"图层的混合模式为"正片叠底"，如图 2-5 所示。

③ 选择"图像"→"调整"→"色阶"命令，打开"色阶"对话框，对照片的色调进行整体调整，设置输入色阶分别为"0"、"1.7"、"246"，如图 2-6 所示。

图 2-3 复制背景图层

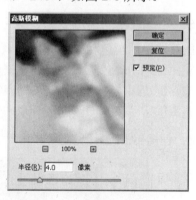

图 2-4 "高斯模糊"参数设置

图 2-5 "正片叠底"设置

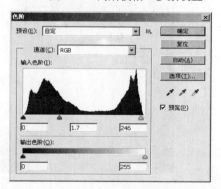

图 2-6 "色阶"设置

④ 在图层控制面板中，单击"创建新图层"按钮 （此处为图标），新建"图层 1"图层，如图 2-7 所示。按【Ctrl+Alt+Shift+E】组合键进行"盖印图层"命令。盖印后的图层控制面板如图 2-8 所示。可以看到历史记录面板中出现了盖印图层的记录，如图 2-9 所示。选择"滤镜"→"锐化"→"智能锐化"命令，打开"智能锐化"对话框。设置数量为"80%"，半径为"1.0"像素，移去为"高斯模糊"，如图 2-10 所示。

图 2-7　新建一个空白图层　　图 2-8　盖印后图层控制面板　　图 2-9　历史记录面板状态

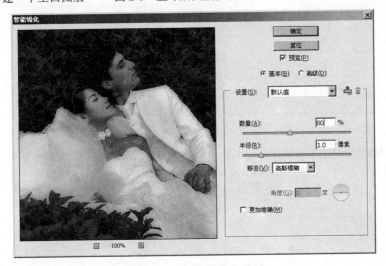

图 2-10　"智能锐化"设置

⑤ 选择"图像"→"调整"→"可选颜色"命令，打开"可选颜色"对话框。

选择颜色"红色"，设置青色为"-13%"，洋红为"-6%"，黄色为"0%"，黑色为"-45%"，如图 2-11 所示。

选择颜色"黄色"，设置青色为"0%"，洋红为"-57%"，黄色为"0%"，黑色为"-47%"，如图 2-12 所示。

选择颜色"绿色"，设置青色为"-51%"，洋红为"-23%"，黄色为"+30%"，黑色为"-11%"，如图 2-13 所示。

选择颜色"青色"，设置青色为"-11%"，洋红为"-37%"，黄色为"+20%"，黑色为"+26%"，如图 2-14 所示。

选择颜色"洋红"，设置青色为"+86%"，洋红为"+54%"，黄色为"+38%"，黑色为"+22%"，如图 2-15 所示。

选择颜色"蓝色"，设置青色为"+31%"，洋红为"+18%"，黄色为"+71%"，黑色为"-19%"，如图 2-16 所示。

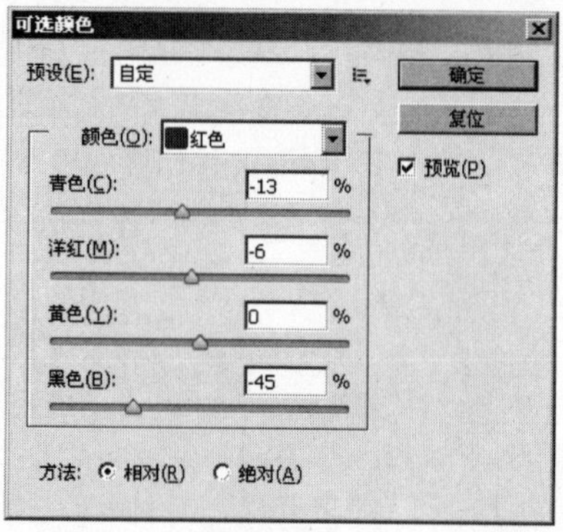

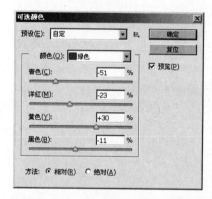

图 2-11　可选颜色"红色"设置

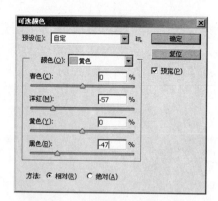

图 2-12　可选颜色"黄色"设置

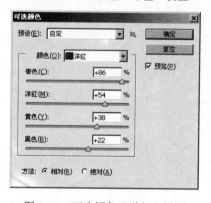

图 2-13　可选颜色"绿色"设置

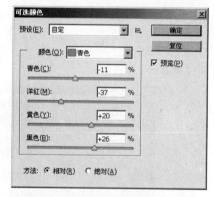

图 2-14　可选颜色"青色"设置

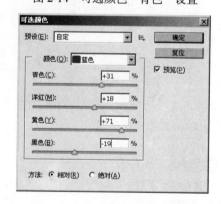

图 2-15　可选颜色"洋红"设置

图 2-16　可选颜色"蓝色"设置

　　选择颜色"白色"，设置青色为"-24%"，洋红为"-24%"，黄色为"+10%"，黑色为"+17%"，如图 2-17 所示。

　　选择颜色"中性色"，设置青色为"-27%"，洋红为"-21%"，黄色为"-26%"，黑色为"-24%"，如图 2-18 所示。

　　选择颜色"黑色"，设置青色为"0%"，洋红为"0%"，黄色为"-12%"，黑色为"0%"，如图 2-19 所示。

　　最终画面效果如图 2-20 所示。

　　❻ 选择"图像"→"调整"→"色相/饱和度"命令或按【Ctrl+U】组合键，打开"色相/饱和度"对话框，设置饱和度为"-19"，如图 2-21 所示。在图层控制面板，单击

"创建新图层"按钮，新建"图层 2"。按【Ctrl+Alt+Shift+E】组合键进行盖印图层，盖印后的图层控制面板，如图 2-22 所示。

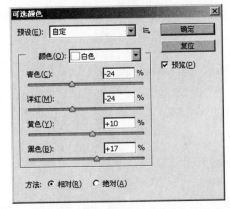

图 2-17 可选颜色"白色"设置

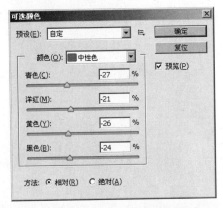

图 2-18 可选颜色"中性色"设置

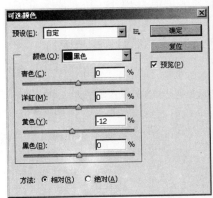

图 2-19 可选颜色"黑色"设置

图 2-20 可选颜色处理后效果图

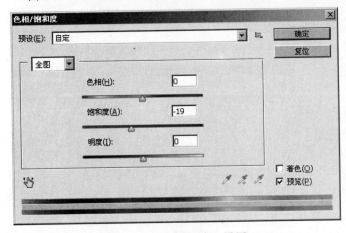

图 2-21 "色相/饱和度"设置

图 2-22 盖印后的图层控制面板

❼ 单击工具栏中"矩形选框"工具右下角的三角箭头，选择"椭圆选框"工具，设置羽化值为"45"像素，选中人物，选区如图 2-23 所示。

图 2-23　创建椭圆选区

⑧ 选择"图像"→"调整"→"色阶"命令，设置输入色阶分别为"0"、"1.00"、"240"，如图 2-24 所示。按【Ctrl+D】组合键取消选区。这样做的目的是突出人物。

⑨ 选择"图像"→"调整"→"照片滤镜"命令，设置颜色值为 RGB（255，245，174），如图 2-25 所示。设置浓度为"14%"，如图 2-26 所示。选择"图像"→"调整"→"色相/饱和度"命令，设置色相为"0"，饱和度为"-16"，明度为"0"，如图 2-27 所示。

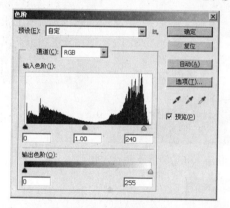

图 2-24　"色阶"设置

图 2-25　"照片滤镜"颜色设置

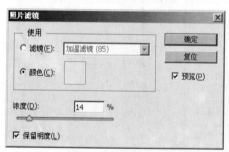

图 2-26　"照片滤镜"设置

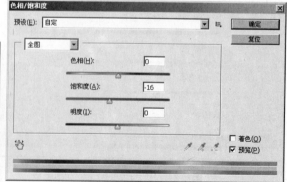

图 2-27　"色相/饱和度"设置

⑩ 在图层控制面板中，单击"创建新图层"按钮，新建"图层 3"。选择工具箱中的"渐变"工具，在渐变编辑器中设置左边颜色为 RGB（216，105，142），右边颜

色为 RGB（167，194，166），效果如图 2-28 所示。在选项栏中设置"线性填充"，在画布中自上而下拉出一条垂直线，填充后效果如图 2-29 所示。在图层控制面板中，设置图层混合模式为"柔光"，如图 2-30 所示。图层不透明度设置为"60%"，如图 2-31 所示。最终效果如图 2-32 所示。

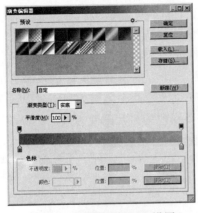

图 2-28　"渐变编辑器"设置

图 2-29　渐变填充效果

图 2-30　图层混合模式设置

图 2-31　图层不透明度设置

图 2-32　最终效果图

▶**5. 技巧点拨**

在进行画面色调调整时，应注意对冷暖颜色对比关系的把握，突出主体人物，并通过调整色相、饱和度来降低背景的饱和度，使整个画面呈现出所需要的色调。

1）色相

色彩调整方式主要是用来改变图像的色相，如将红色变为蓝色、绿色变为紫色等。打开素材库中的"素材—花卉"图片，如图2-33所示，选择"图像"→"调整"→"色相/饱和度"命令，或按【Ctrl+U】组合键，打开"色相/饱和度"对话框，拖动色相滑杆即可改变整个画面的色相。对话框下方有两条色谱，上方的色谱是固定的，下方的色谱会随着色相滑杆的移动而改变，如图2-34所示。通过改变两个色谱的状态可以改变色彩的结果，如图2-35所示，图中红色的花变为绿色，绿色的树叶则变为蓝色。

图2-33 "素材—花卉"图片

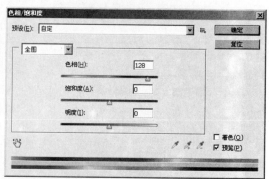
图2-34 "色相/饱和度"对话框

图2-35 改变色相后效果

2）饱和度

饱和度可以控制图像色彩的浓淡程度。选择"图像"→"调整"→"色相/饱和度"命令或按【Ctrl+U】组合键，打开"色相/饱和度"对话框，拖动饱和度滑杆即可改变整个画面的饱和度。改变饱和度时面板下方的色谱也会随之改变。当饱和度调至最低时，图像即变为灰度图像。对灰度图像而言，改变色相是没有任何作用的。设置饱和度为"−100"时，如图2-36所示，花卉图片成为灰度图；设置饱和度为"−50"时，效果如图2-37所示；设置饱和度为"+50"时，效果如图2-38所示；设置饱和度为"+100"时，效果如图2-39所示。

3）盖印图层

"盖印图层"是将图层进行合并，实现的结果与"合并图层"命令差不多，就是把图层合并在一起生成一个新图层。但与"合并图层"命令所不同的是，"盖印图层"是生成新的图层，被合并的图层依然存在，这样就不会破坏原有图层。倘若对盖印图层效果不满意，即可以随时进行删除。

图 2-36　饱和度为"-100"后效果

图 2-37　饱和度为"-50"后效果

图 2-38　饱和度为"+50"后效果

图 2-39　饱和度为"+100"后效果

（1）新建一个文件，背景色为白色。

（2）选择"图层"→"新建"→"图层"命令，或按【Shift+Ctrl+N】组合键新建三个图层。

（3）在三个图层上分别绘制不同的效果，例如不同色彩的树叶，如图 2-40、图 2-41 和图 2-42 所示。

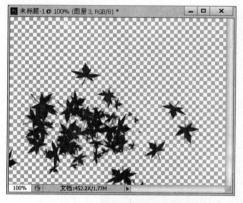

图 2-40　绿色树叶图层

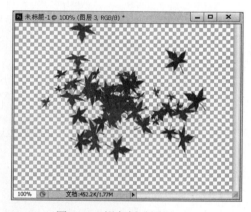

图 2-41　褐色树叶图层

图 2-42　红色树叶图层

（4）同时选中这三个图层，按【Shift+Ctrl+Alt+E】组合键，即可得到盖印图层，如图 2-43 所示。

注意：需使三个图层均处于显示状态方可得到盖印图层。

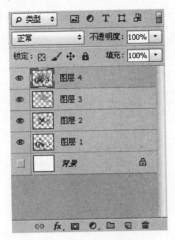

图 2-43　盖印图层

2.1.2　应用模式——清新休闲婚纱照制作

▶**1. 任务效果图**（见图 2-44）

图 2-44　"清新休闲婚纱照"效果图

▶**2. 关键步骤**

❶ 打开素材库中的"素材—清新休闲婚纱照"图片，在图层控制面板中，选中"背景"图层，按【Ctrl+J】组合键复制图层成为"图层 1"，设置图层混合模式为"滤色"，如图 2-45 所示。选择"图层 1"，添加"图层蒙版"，如图 2-46 所示。

❷ 选择"图像"→"应用图像"命令，打开"应用图像"对话框，设置混合为"正常"，如图 2-47 所示。在图层控制面板中选择"图层 1"，选择"滤镜"→"模糊"→"高斯模糊"命令，打开"高斯模糊"对话框，设置半径为"10"像素，如图 2-48 所示。在图层控制面板中，选择"图层 1"，按【Ctrl+G】组合键添加一个组，为"组 1"添加图

层模版，如图 2-49 所示。

　　注意： 制作高斯模糊时，选中的应是 "图层 1" 而不是 "图层 1" 的图层蒙版。

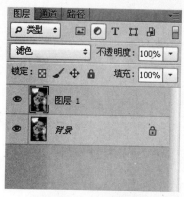

图 2-45　复制图层

图 2-46 添加 "图层蒙版"

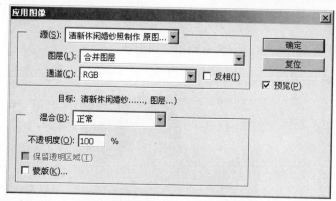

图 2-47　"应用图像" 设置

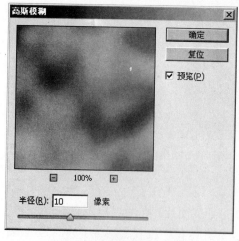

图 2-48　"高斯模糊" 设置

图 2-49　添加组并添加图层蒙版

　　❸ 选择 "图像" → "应用图像" 命令，打开 "应用图像" 对话框，设置混合为 "正常"。为了使画面获得更加明亮的效果，可以将 "图层 1" 的混合模式设置为 "滤色"，最终效果如图 2-50 所示。

54

图 2-50 最终效果图

2.2 任务 2 艺术照制作

2.2.1 引导模式——植物图片艺术化处理

▶ **1. 任务描述**

利用历史记录画笔、历史记录艺术画笔、新建快照等工具完成一张艺术照的制作。

▶ **2. 能力目标**

① 能熟练运用"历史记录画笔"工具修改画面；
② 能熟练运用"历史记录艺术画笔"工具制作画面背景；
③ 能熟练运用"快照"命令记录画面效果。

▶ **3. 任务效果图**（见图 2-51）

图 2-51 "植物图片艺术化处理"效果图

▶4．操作步骤

① 打开素材库中的"素材—莲花"图片，如图 2-52 所示。

图 2-52 "素材—莲花"图片

② 按【Ctrl+J】组合键复制一个新图层为"图层 1"，如图 2-53 所示。选择"窗口"
→"历史记录"命令，在历史记录控制面板中，单击右下角"创建新快照"按钮 🔳 ，
如图 2-54 所示。选择"编辑"→"填充"命令，将新图层填充为灰色，效果如图 2-55
所示。

图 2-53 复制背景图层

图 2-54 建立快照

图 2-55 填充灰色效果

③ 选择工具箱中"历史记录艺术画笔"工具 🖌️ ，在选项栏中设置画笔大小为"20"，
样式为"轻涂"，区域为"50 像素"，容差为"0%"，如图 2-56 所示，在"图层 1"上随

意涂画，达到如图 2-57 所示的效果。

图 2-56　历史记录画笔设置

图 2-57　历史记录画笔涂抹后效果

❹ 选择"图层"→"复制图层"命令，或按【Ctrl+J】组合键复制"图层 1"成为"图层 1 副本"。在图层控制面板中，设置图层混合模式为"强光"，如图 2-58 所示，达到如图 2-59 所示效果。

图 2-58　复制图层　　　　　　　图 2-59　强光混合模式后效果

❺ 选择"滤镜"→"滤镜库"→"画笔描边"→"强化的边缘"命令，打开"强化的边缘"对话框，设置边缘宽度为"2"，边缘亮度为"15"，平滑度为"13"，如图 2-60 所示，执行滤镜后效果如图 2-61 所示。

❻ 如需制作油画效果，选择"滤镜"→"滤镜库"→"艺术效果"→"水彩"命令，打开"水彩"对话框，设置画笔细节为"2"，阴影强度为"2"，纹理为"2"，如图 2-62 所示设置，效果如图 2-63 所示。选择"文件"→"另存为"命令或按【Ctrl+Shift+S】组合键，保存图像。

注意：可以根据自己的喜好和用途使用滤镜功能制作更多的艺术效果。

图 2-60 "强化的边缘"命令设置

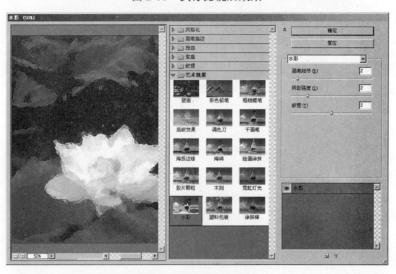

图 2-61 执行滤镜后效果

图 2-62 "水彩"设置

图 2-63　最终的绘画效果

⑦ 在历史记录控制面板中，单击面板右上角菜单按钮 ，选择"新快照"命令，打开"新建快照"对话框，设置名称为"绘画效果"，如图 2-64 所示。

图 2-64　"新建快照"对话框

⑧ 在历史记录控制面板中，选择步骤 2 中建立的快照 1，选择"文件"→"打开"命令，打开素材库中的"素材—水墨荷花"图片，如图 2-65 所示。

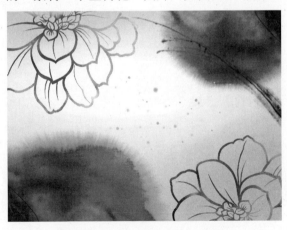

图 2-65　"素材—水墨荷花"图片

⑨ 选择工具箱中"移动"工具，将新图片拖拽至荷花图片文件中，因新图层文件过大画面不能完全显示，选择工具箱中"缩放"工具，在画面上单击缩小显示，使得整个画面缩小到如图 2-66 所示的比例。按【Ctrl+T】组合键开启自由变换模式，拖拽自由变换的控制点，将图片缩小至和荷花图片相同的大小。

⑩ 单击工具箱中"矩形选框"工具右下角的三角箭头，选择"椭圆选框"工具，在图层控制面板中，选择"图层 2"，在画面中框选出一个合适的椭圆选区，如图 2-67 所示。选择"选择"→"调整边缘"命令，打开"调整边缘"对话框，设置羽化半径为"10"，如图 2-68 所示。

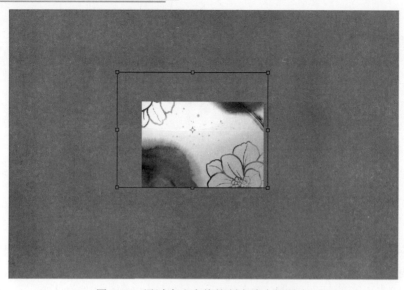

图 2-66　通过自由变换控制点缩小新图片

图 2-67　创建椭圆选区

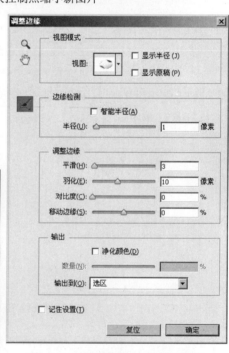

图 2-68　"调整边缘"对话框设置

⑪ 选择工具箱中的"历史记录画笔"工具 ，在选项栏中设置画笔为"60"，模式为"正常"，不透明度为"50%"，流量为"85%"，如图 2-69 所示。用历史记录画笔在刚才绘制的椭圆形选框内进行涂抹，如图 2-70 所示。按【Ctrl+D】组合键取消选区。在图层控制面板中，设置图层混合模式为"强光"，不透明度设置为"80%"，效果如图 2-71 所示。

图 2-69　选项栏历史记录画笔设置

图 2-70　在椭圆选区里执行历史记录画笔后效果

图 2-71　强光模式后效果

⑫ 选择"图像"→"调整"→"色相/饱和度"命令，也可按【Ctrl+U】组合键，调整图像的整体色调。在"色相/饱和度"对话框中设置色相为"133"、饱和度为"-37"、明度为"-27"，如图 2-72 所示，最终效果如图 2-73 所示。

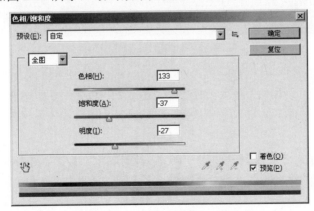

图 2-72　"色相/饱和度"设置

图 2-73　最终效果图

▶5．技巧点拨

1）"历史记录画笔"工具

"历史记录画笔"工具 是在现有效果的基础上抹除历史中某一步操作的效果工具，是在不返回历史记录的情况下，修改以前历史中所做过的操作的工具。"历史记录画笔"工具的笔刷除了默认的圆形笔刷，也可以使用各种形状各种特效的笔刷。

（1）打开素材库中的"素材—铁塔"图片，如图 2-74 所示。

图 2-74　"素材—铁塔"图片

（2）选择"图像"→"调整"→"去色"命令，然后选择"滤镜"→"模糊"→"高斯模糊"命令，对图片进行去色和高斯模糊处理后，效果如图 2-75 所示。打开"历史记录"控制面板，刚才的操作都已显示在"历史记录"控制面板中，如图 2-76 所示。

（3）选择"历史记录控制"面板中的"高斯模糊"步骤，选择工具箱中"历史记录画笔"工具，在画面上进行涂抹，涂抹处会出现未处理过的景色，最终效果如图 2-77 所示。

图 2-75　处理后的效果

图 2-76　历史记录控制面板

图 2-77　使用历史记录画笔后的效果

2）"历史记录艺术画笔"工具

"历史记录艺术画笔"工具 是使用指定历史记录状态或快照中的源数据，以风格化描边进行绘画。通过选择不同的绘画样式、大小和容差选项，可以用不同的色彩和艺术风格模拟绘画的纹理。

（1）打开素材库中的"素材—花朵"图片，如图 2-78 所示。

图 2-78　"素材—花朵"图片

（2）在工具箱中选择"历史记录艺术画笔"工具，在选项栏中设置画笔为"65"，模式为"正常"，不透明度为"90%"，样式为"绷紧短"，区域设置为"50 像素"，容差为"0%"，如图 2-79 所示。"区域"值用来制定绘画描边所覆盖的区域，"容差"值用来限定应用绘画描边的区域。在画布中进行拖动绘画，效果如图 2-80 所示。

图 2-79　历史记录艺术画笔选项栏设置

图 2-80　执行历史记录艺术画笔后的效果

3）场景模糊

（1）打开素材库中的"素材—展板"图片。

（2）选择"场景模糊"工具，画面中会出现一个控制点，如图 2-81 所示。

（3）鼠标在画面上的时候会出现如图 2-82 所示图标，可在画面上添加多个模糊控制点，每个控制点均可以在设置面板中调节模糊大小，如图 2-83 所示。同时可以在模糊效果面板中调节光源散景、散景颜色、光照范围等，如图 2-84 所示。

图 2-81　场景模糊控制点

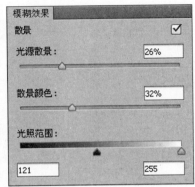

图 2-82　添加控制点图标　　　图 2-83　模糊工具设置面板　　　　图 2-84　模糊效果设置面板

　　（4）可以多设置几个控制点，修改成不同模糊大小从而使画面产生较好的景深效果，非常易于操作，效果如图 2-85 所示。

　　4）光圈模糊

　　（1）打开光圈模糊后，画面中间会出现许多控制点，如图 2-86 所示。

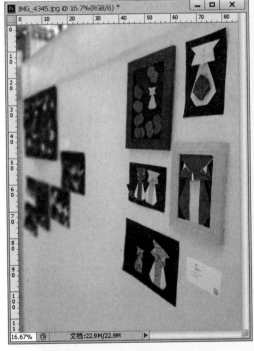

图 2-85　图片使用场景模糊后效果　　　　　图 2-86　光圈模糊控制点

　　（2）可根据需求对画面中的所有控制点进行调节，并且能够移动控制点，而在控制面板中则与场景模糊的调节面板一样，画面调整效果如图 2-87 所示。

　　5）倾斜偏移

　　（1）打开倾斜偏移后，画面中间会出现多根控制线，如图 2-88 所示。

图 2-87　图片使用光圈模糊后效果

图 2-88　倾斜偏移控制线

（2）可根据需求对画面中的控制线进行高度的调节，并且能够旋转控制线，而在控制面板中则与场景模糊、光圈模糊的调节面板一样，画面调整效果如图 2-89 所示。

图 2-89　图片使用倾斜偏移后效果

2.2.2　应用模式——动物图片艺术化处理

▶ **1. 任务效果图**（见图 2-90）

图 2-90　"动物图片艺术化处理"效果图

▶ **2. 关键步骤**

① 打开素材库中的"素材—动物"图片，如图 2-91 所示。在工具栏中选择"裁剪"工具，在选项栏中设置视图为"黄金比例"，如图 2-92 所示。裁剪效果如图 2-93 所示。

图 2-91 "素材—动物"图片

图 2-92 "黄金比例"

图 2-93 裁剪效果

❷ 新建图层，在工具栏中选择"油漆桶"工具，设置颜色值为 RGB（158，113，113），如图 2-94 所示。在图层控制面板中，设置图层混合模式为"叠加"，图层不透明度为"60%"，如图 2-95 所示。

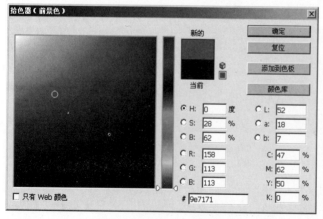

图 2-94 "油漆桶"颜色设置

图 2-95 图层混合模式与不透明度设置

❸ 在图层控制面板中，选择"背景"图层，选择"滤镜"→"模糊"→"光圈模糊"命令，将椭圆拉至如图 2-96 所示范围。在"模糊"工具对话框中设置模糊为"6 像素"、光源散景为"11%"、散景颜色为"62%"、光照范围为"191、255"，如图 2-97 所示。

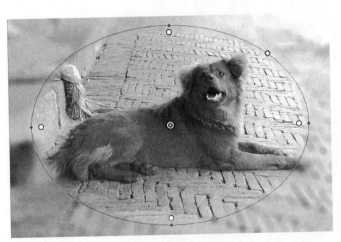

图 2-96　模糊范围设置　　　　　　　　　　图 2-97　"光圈模糊"参数设置

❹ 选择"图像"→"调整"→色阶"命令，打开"色阶"对话框，设置输入色阶分别为"0，1.35，255"，如图 2-98 所示，最终效果如图 2-99 所示。

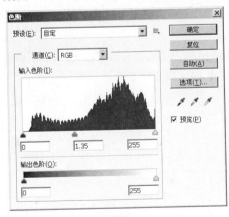

图 2-98　"色阶"设置　　　　　　　　　　图 2-99　最终效果图

▽ 2.3　任务 3　证件照制作

2.3.1　引导模式——1 寸个人证件照制作

▶ 1. 任务描述

利用"画布大小"、"裁剪"等命令，制作 1 寸个人证件照。

▶2．能力目标

① 能熟练运用"画布大小"修改图片的长宽比和图片的边界大小；
② 能熟练运用"图层混合模式"改善图片的叠加效果；
③ 能熟练运用"裁剪"工具处理照片的构图和大小。

▶3．任务效果图（见图2-100）

图2-100 "1寸个人证件照制作"效果图

▶4．操作步骤

❶ 启动 Photoshop CS6，打开素材库中的"素材—白领"图片，如图2-101所示。选择工具箱中"裁剪"工具 ⌷ ，在其选项栏中，设置宽度为"2.5厘米"，高度为"3.5厘米"，分辨率为"300像素/英寸"，如图2-102所示。对图片裁剪保留头像部分，如图2-103所示。

图2-101 "素材—白领"图片

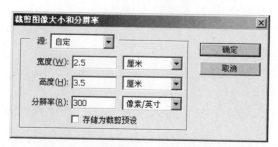

图2-102 "裁剪图像大小和分辨率"设置

② 选择"选择"→"色彩范围"命令，打开"色彩范围"对话框，如图 2-104 所示，设置颜色容差为"25"，将白色背景选中，单击"确定"按钮。选择工具箱中"多边形套索"工具 ，在选项栏中选择"从选区中减去"按钮 ，将选中区域中多余的白色衬衫减选，同时，也要将眼睛处、牙齿处的选区进行减选。选择前景色为"蓝色"，选择"编辑"→"填充"命令或按【Alt+Delete】组合键，填充背景色，如图 2-105 所示。为了达到更好的填充效果，可以先选择"选择"→"羽化"命令将选区羽化并多次填充前景色。

③ 选择"图像"→"画布大小"命令，打开"画布大小"对话框，设置画布大小宽度为"2.96 厘米"，高度为"4.23厘米"，画布扩展颜色设为白色，如图 2-106 所示。效果如图 2-107 所示。

图 2-103　裁剪后效果

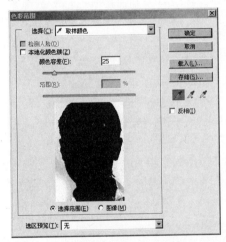

图 2-104　吸取图片中白色背景后设置色彩范围

图 2-105　背景填充为蓝色

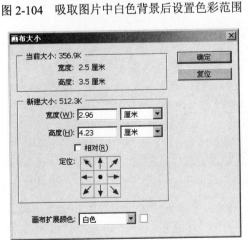

图 2-106　"画布大小"设置

图 2-107　扩展画布后的效果

注意：若无法更改"画布拓展颜色"，则选择"图层"→"拼合图像"命令。

④ 选择"图层"→"复制图层"命令或按【Ctrl+J】组合键，复制得到新的图层"图

层 1"，在图层控制面板中，设置该图层混合模式为"柔光"，如图 2-108 所示。混合效果如图 2-109 所示。

图 2-108　复制图层并设置柔光　　　　　　　　图 2-109　设置柔光后效果

⑤ 选择"编辑"→"定义图案"命令，打开"图案名称"对话框，设置名称为"证件照"，单击"确定"按钮，如图 2-110 所示。

图 2-110　定义图案设置

⑥ 选择"文件"→"新建"命令或按【Ctrl+N】组合键，打开"新建"对话框。设置文件宽度为"11.84 厘米"，高度为"12.69 厘米"，分辨率为"300 像素/英寸"，颜色模式为"RGB 颜色"，如图 2-111 所示。

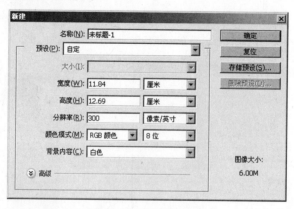

图 2-111　"新建"设置

⑦ 选择工具箱中"油漆桶"工具，在其选项栏中，设置"填充"选项为"图案"，在"图案"中选择自定义图案"证件照"，如图 2-112 所示，在新建文件的画面中进行填充，最终效果如图 2-113 所示。

图 2-112　"油漆桶"工具选项栏设置

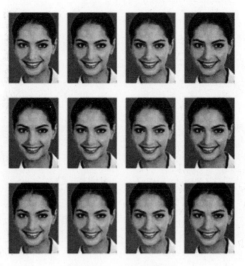

图 2-113　最终效果图

▶5．技巧点拨

1）裁剪工具

　　选择工具箱中的"裁剪"工具，在选项栏的下拉菜单（如图 2-114 所示）中可以根据需要选择不同的裁剪比例，如图 2-115 和图 2-116 所示，分别为"1×1（方形）"、"16×9"的裁剪比例。

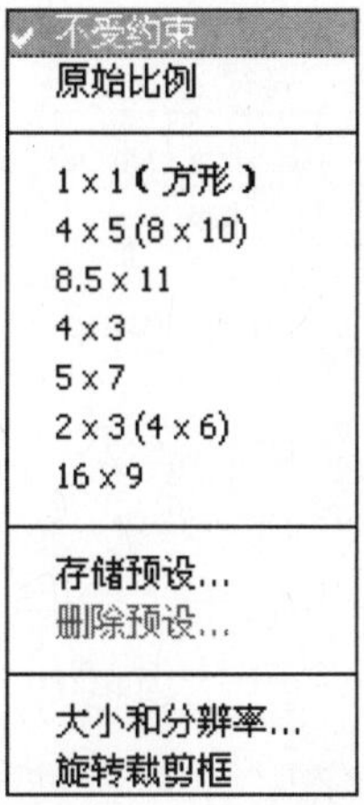

```
✓ 不受约束

  原始比例

  1 × 1（方形）
  4 × 5（8 × 10）
  8.5 × 11
  4 × 3
  5 × 7
  2 × 3（4 × 6）
  16 × 9

  存储预设…
  删除预设…

  大小和分辨率…
  旋转裁剪框
```

图 2-114　裁剪工具下拉菜单

图 2-115　裁剪比例为 1×1（方形）

图 2-116　裁剪比例为 16×9

在选项栏上的"拉直"按钮的作用是"通过在图像上拉一条直线来拉直该图像"，如图 2-117 所示，图片中的景色并不平衡，可选择该按钮，在画面中拉出一条直线后软件会自动将图像进行调整，如图 2-118 所示。

图 2-117　拉直取样线条

图 2-118　拉直后图像效果

在选项栏的"视图"菜单中，可选择"三等分"、"网格"、"对角"、"黄金比例"、"金色螺线"等命令来帮助使用者更方便地进行所需要的裁剪，如图 1-119 所示。

图 2-119　"视图"下拉菜单

2）透视裁剪工具

在其选项栏中可设置裁剪图像的高度和宽度、分辨率等，如图 1-120 所示。

图 2-120　透视裁剪工具选项栏

例如，在图像中进行如图 1-121 所示裁剪，修改裁剪宽度为 50 厘米，高度为 80 厘米，则裁剪结果如图 1-122 所示；若选中选项栏中"前面的图像"按钮，则裁剪结果如图 1-123 所示。

图 2-121　透视裁剪工具的使用

图 2-122　修改裁剪尺寸后透视裁剪效果　　　图 2-123　　未修改裁剪尺寸的透视裁剪效果

3）自定义图案

自定义图案可以用来编辑图形纹理，也可以作为喜欢的背景出现，是用来表现个性化图片的方式。

（1）打开"素材—木纹"图片，选择工具箱中"矩形选框"工具 ⬚，在画面上选择一部分作为图案的选区，如图 2-124 所示。

75

图 2-124　选择图案选区

注意：必须在选项栏中设置"羽化"为"0"。另外，大图像可能会变得不易处理，所以需要将图像大小调整到合适的尺寸再进行定义图案。

（2）选择"编辑"→"定义图案"命令，打开"图案名称"对话框，设置图案名称为"木纹"，如图 2-125 所示。

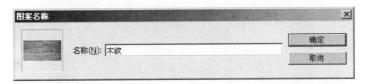

图 2-125　定义"图案名称"

（3）打开"素材—创彩"图片，如图 2-126 所示。在工具栏中选择"魔棒"工具选择文字，单击鼠标右键，在弹出的快捷菜单中选择"通过拷贝的图层"命令，如图 2-127

所示。选择拷贝后的文字图层，单击图层控制面板下方的"添加图层样式"按钮 **fx.**，在弹出的快捷菜单中选择"图案叠加"命令，如图2-128所示。打开"图层样式"对话框，设置图案为刚才定义的"木纹"图案，如图2-129所示。最终效果如图2-130所示。

图2-126 "素材—创彩"图片   图2-127 "通过拷贝的图层"命令

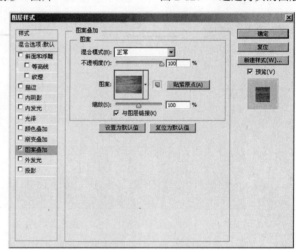

图2-128 "图案叠加"命令   图2-129 选择木纹图案填充

图2-130 最终效果图

2.3.2 应用模式——利用生活照制作 2 寸证件照

▶1. 任务效果图（见图 2-131）

图 2-131 "利用生活照制作 2 寸证件照"效果图

▶2. 关键步骤

❶ 打开素材库中"素材—生活照"图片，如图 2-132 所示，使用"魔棒"工具消除人物背景。新建一个图层，选择"油漆桶"工具 🖐 填充红色，效果如图 2-133 所示。

图 2-132 "素材—生活照"图片　　　图 2-133 "魔棒"处理后效果

❷ 新建文件，设置文件宽度为"10.5 厘米"，高度为"9.8 厘米"，分辨率为"150 像素/英寸"。

❸ 选择"编辑"→"填充"命令，在选项栏中，设置使用图案填充，选择自定义图案，填充自定义头像图案，最终效果如图 2-134 所示。

图 2-134 最终效果

▽ 2.4　实践模式——照片手绘风格处理

➡ 知识扩展

素描效果是一种极为常见的照片艺术化处理方法，可以将一张普通的照片立刻变成艺术家手下的绘画作品，既富有个性，又不失艺术感。

挑选人物照片进行素描效果处理时应尽量选择脸部光线清晰、五官清楚的照片，因为大量背光的照片会导致进行素描效果处理后呈现大量的黑色部分，从而影响脸部的辨识度。最佳的照片选择是明暗层次比较丰富的照片，这样制作出来的素描效果是最理想的。

➡ 相关素材

制作要求：

根据素材2-1制作一张人物素描效果的照片。需要将素材图复制两个图层，均去色，然后使用"滤镜"中"查找边缘"、"成角的线条"工具对其中一个复制图层进行数值的设置，修改其图层混合模式，最终可得到如图2-135所示效果图。

素材2-1　"照片手绘风格处理"素材　　　　　　图2-135　参考效果图

▽ 2.5　知识点练习

一、填空题

1. 使用绘图工具时，使用_____组合键可切换到"吸管"工具。

2. 要删除所有打开的图像文件的历史记录，应使用_____命令。

3. _____可以创建图像在某状态所有图层的快照。

4. _____工具可以将图像的一个状态或快照的拷贝绘制到当前图像窗口中。

二、选择题

1. 如果选择了一个前面的历史记录，所有位于其后的历史记录都无效或变成灰色显示，这说明（　　）。

    A．如果从当前选中的历史记录开始继续修改图像，所有其后的无效历史记录都会被删除

    B．这些变成灰色的历史记录已经被删除，但可以使用 Undo（还原）命令将其恢复

    C．允许非线性历史记录（Allow Non-Linear History）的选项处于选中状态

    D．应当清除历史记录

2. 关于历史记录调板记录的操作步数，以下说法不正确的是（　　）。

    A．软件默认只保留 20 步操作，超过则自动清除前面的步骤

    B．历史记录调板记录的操作步骤没有具体限制，只要有足够的内存

    C．可以在历史记录调板右上角菜单中选择"历史记录选项"，修改记录步数

    D．可以选择"编辑"→"预置"→"常规"命令，在"历史记录状态"后面修改记录步数

3. 以下关于快照的说法中，不正确的是（　　）。

    A．使用历史记录控制面板菜单中的"新建快照"命令可以为图像建立多个不同的快照

    B．快照可以用来存储图像处理过程中的状态

    C．快照中可以包含图像中的图层、路径、通道等多种信息

    D．下次打开图像时，建立的快照仍会出现在历史记录控制板中

4. 关于快照，以下说法不正确的是（　　）。

    A．快照记录图像历史记录调板中的某一个特定状态

    B．快照通常不能随图像一起保存，只有选择"允许非线性历史记录"选项才可以与图像一起保存在文件里

    C．可以设置在存储文件时自动创建当前状态的快照，但不能随图像一起保存为文件

    D．如果没有选择"允许非线性历史记录"选项，选择了一个快照并执行其他操作，将会删除历史记录调板上的当前列出的所有状态

5. 有关裁剪工具的使用，以下描述不正确的是（　　）。

    A．裁剪工具可以按照您所设定的长度、宽度和分辨率来裁切图像

    B．裁剪工具只能改变图像的大小

    C．单击工具选项栏上的拉直按钮后，可在画布中拖动，以校正照片的倾斜问题

    D．要想取消裁剪框，可以按键盘上的【Esc】键

三、判断题

1. 关于历史记录调板记录的操作步数，可以选择"编辑"→"预置"→"常规"命令，在"历史记录状态"后面修改记录步数。　　　　　　　　　　　　　　　　　　　（　　）

2. 当关闭并重新打开文件时，上次工作过程的所有状态记录和快照都将被从调板中清除。（　　）

3. 关于历史记录，状态记录是从上至下添加的，最早的状态在列表的顶部。　　　　（　　）

4. 用历史画笔将图像部分恢复到指定的快照，设定了画笔参数后，在图像上画笔光标显示为不可用，可能的原因是画布大小与源的快照图像尺寸不一致。　　　　　　　　　　（　　）

项目 3

CI 企业形象设计

CI 的主要目的是为企业塑造良好的企业形象，在塑造企业形象的过程中，利用整体传达系统进行信息传播，达到与社会沟通，与企业关系者沟通实现企业运作的良好循环。它将企业的经营理念和个性特征，通过统一的视觉识别和行为规范系统，加以整合传达，使社会公众产生一致的认同感与价值观，从而达成建立鲜明的企业形象和品牌形象，提高产品市场竞争力，创造企业最佳经营环境的一种现代企业经营战略。

3.1 任务 1 企业标志设计

3.1.1 引导模式——"dop"企业 Logo 设计

1. 任务描述

完成一份企业 Logo 的设计制作，了解由设想、原稿到 Photoshop 成稿的过程。

2. 能力目标

① 能熟练运用"形状"工具进行 Logo 设计；
② 能熟练掌握图形阵列方法；
③ 能熟悉 Logo 的基本制作步骤和创作方法；
④ 能熟练运用参考线辅助图案设计。

3. 任务效果图（见图 3-1）

图 3-1 "dop"企业 Logo 设计效果图

▶4. 操作步骤

一个完整的标志设计流程主要可以分为四个流程：调研分析、要素挖掘、设计开发和标志修正。调研分析和要素挖掘属于前期设计阶段，此阶段，设计人员将深入企业调研企业文化氛围并挖掘能够代表企业的标志要素。在这个阶段，通常会形成一个或多个企业 Logo 的概念设计原稿。之后，从概念原稿中由用户选择确定 Logo 的设计方案，并在此原稿基础上完成企业 Logo 的设计开发。标志修正，是企业 Logo 设计的最后阶段，也就是对设计好的标志方案进一步地加工和修正以求满足用户所有要求，并得到用户的最后肯定。

❶ 新建文件，设置名称为"Logo_1"，宽为"500 像素"，高为"500 像素"，分辨率为"300 像素/英寸"，颜色模式为"RGB 颜色"。具体参数如图 3-2 所示。

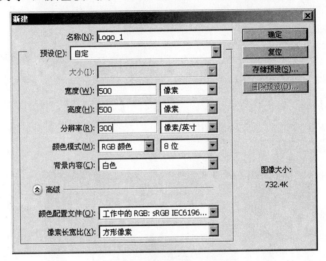

图 3-2 "新建"文件对话框

❷ 选择"视图"→"新建参考线"命令，打开如图 3-3 所示的对话框，在垂直和水平方向"250 像素"处各建一条参考线，添加完成后效果如图 3-4 所示。

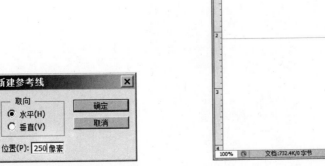

图 3-3 "新建参考线"对话框   图 3-4 添加参考线

❸ 选择工具箱中的"多边形"工具 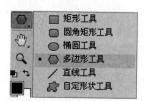，如图 3-5 所示。在选项栏中设置"边"为"14"，"填充"为"纯青"。在画布中拉出一个十四边形。使用"移动"工具 ，将其移动到画布中心。选择"编辑"→"自由变换"命令，或按【Ctrl+T】组合键开启自由变换模式，对多边形进行大小调整，为防止图像变形，应按住【Shift】键，待大小调整完毕后按【Enter】键确认，如图 3-6 所示。

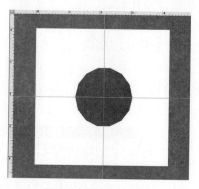

图 3-5　多边形工具

图 3-6　绘制十四边形

❹ 选择工具箱中的"椭圆"工具 ，按住【Shift】键，同时按住鼠标左键，在画布中绘制一个圆形，大小比刚才绘制的十四边形略小。使用"移动"工具 ，将其移动到画布中心，如图 3-7 所示。

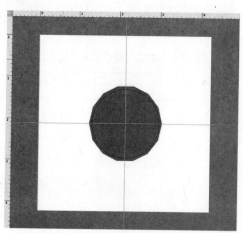

图 3-7　绘制椭圆

❺ 设置"椭圆 1"的填充为白色，此时的图层情况如图 3-8 所示。

图 3-8　图层控制面板当前状态

❻ 选择"多边形 1"图层，使用【Ctrl+T】组合键对十四边形进行自由变换，向任意方向旋转，使它的一个顶端对准参考线，如图 3-9 所示。

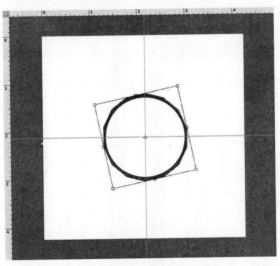

图 3-9　十四边形旋转后效果

❼ 选择"矩形"工具 ▣，绘制一个正方形，长宽均为"30 像素"，颜色为"纯青"。使用【Ctrl+T】组合键进行一次自由变换，设置旋转角度为"45"度，参数如图 3-10 所示。再进行一次自由变换，设置水平缩放为"50.00%"，参数如图 3-11 所示，完成后移动到如图 3-12 所示位置。

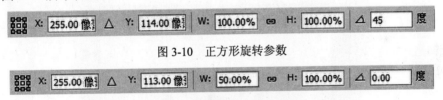

图 3-10　正方形旋转参数

X: 255.00 像 △ Y: 113.00 像 W: 50.00% ⊖ H: 100.00% △ 0.00 度

图 3-11　正方形水平缩放参数

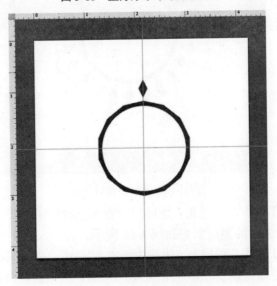

图 3-12　正方形变形后效果

⑧ 复制"矩形1"图层为"矩形1副本"图层，使用【Ctrl+T】组合键进行自由变换，按住【Alt】键移动中心点，将其拖至参考线相交的位置，如图3-13所示，然后设置旋转角度为"15"度，将矩形旋转到如图3-14所示的位置。

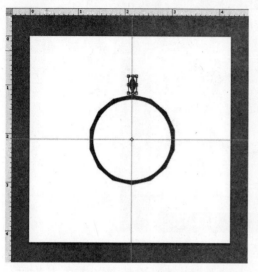 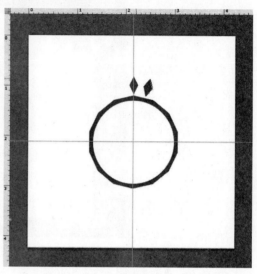

图3-13 "矩形1副本"图层中心点移动　　　图3-14 "矩形1副本"图层旋转后效果

⑨ 同时按【Ctrl+Shift+Alt+T】组合键，可以自动重复第8步的操作。反复执行该操作，直到矩形围绕中心一圈，效果如图3-15所示。

图3-15 矩形阵列后效果

⑩ 选中"矩形1副本"图层和"矩形1"图层，选择"图层"→"合并形状"命令，将两个图层合并。合并后的图层状态如图3-16所示。

⑪ 复制"矩形1副本"图层为"矩形1副本2"图层，使用【Ctrl+T】组合键对"矩形1副本2"图层进行自由变换，按住【Alt+Shift】组合键，进行中心缩放，效果如图3-17所示。

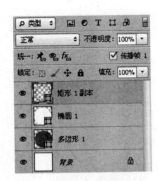

图 3-16　矩形图层合并后状态

图 3-17　"矩形 1 副本 2"图层大小位置

⑫ 将"矩形 1 副本 2"填充改为白色，描边颜色设为"纯青"，描边大小为"0.5 点"，具体参数如图 3-18 所示。使用【Ctrl+T】组合键对"矩形 1 副本 2"进行自由变换，旋转角度设为"7.5"度，参数如图 3-19 所示。完成后的效果如图 3-20 所示。

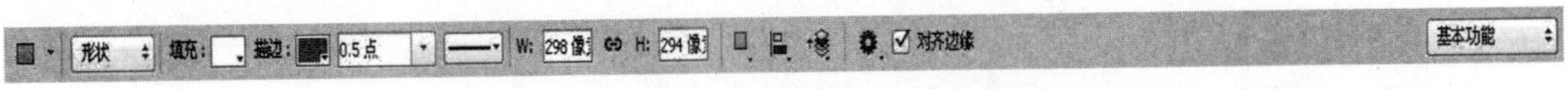

图 3-18　"矩形 1 副本 2"参数设置

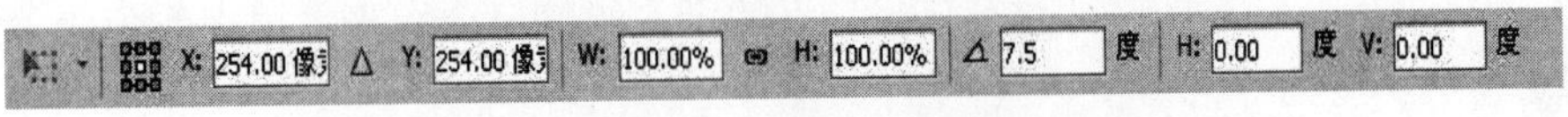

图 3-19　"矩形 1 副本 2"旋转参数设置

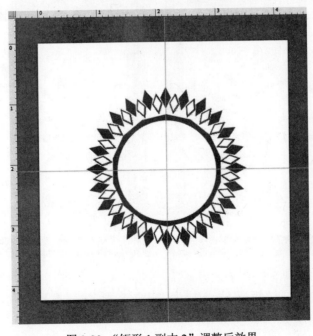

图 3-20　"矩形 1 副本 2"调整后效果

⓭ 复制"矩形1副本"图层为"矩形1副本3"图层，按住【Alt+Shift】组合键，进行中心缩放，旋转角度设为"7.5"度，完成后的效果如图3-21所示。

⓮ 为了使整个Logo更有层次感，需要对刚才所做的图层进行调整。设置"矩形1副本2"图层不透明度为"50%"，设置"矩形1副本3"图层不透明度为"30%"。完成后的效果如图3-22所示。

图3-21 "矩形1副本3"调整后效果

图3-22 图层不透明度调整后效果

⓯ 选择"文字"工具 T，在画布上添加文字"dop"，设置颜色为"纯青"，字体为"Arial"，大小为"28点"。移动文字到画布中心位置，效果如图3-23所示。

⓰ 选择"矩形"工具 ，在字母"d"的上方绘制一个矩形，填充颜色为"纯青"，设置图层不透明度为"50%"，大小位置如图3-24所示。

图3-23 添加文字后效果

图3-24 添加矩形装饰

⓱ 复制刚才绘制的"矩形1"图层为"矩形1副本4"图层，移动至如下位置，完成整个Logo的设计，如图3-25所示。

图 3-25　添加另一个矩形装饰后效果

▶5．技巧点拨

1）参考线的使用

"参考线"可以有效地帮助我们定位点和寻找原稿画的几何特征。

（1）选择"视图"→"标尺"命令或按【Ctrl+R】组合键打开标尺。在标尺状态下，画布的左边和上边会出现标尺栏，按住鼠标左键可从标尺栏上拉出参考线。

注意：参考线均是垂直或者水平的直线。要修改参考线的位置，可以将鼠标移动至参考线上，待出现双箭头标记时，即可拖动参考线的位置。

（2）要将水平参考线变为垂直方向，可以选中参考线后，按住【Alt】键，再按住鼠标左键并向垂直方向拖动，松开鼠标参考线即由水平方向变换为垂直方向了。同理也可将垂直方向的参考线变为水平方向。

（3）参考线在最终作品打印时不会被打印出来。如果在作品完成后，也不想看到参考线，可以选择"视图"→"显示额外内容"命令将前面的勾去掉，此时参考线即可被隐藏。

2）钢笔描边和路径管理

（1）为了便于操作，在描边之前，应该将草图位置尽量对准网格标尺或者辅助线，而不是自由放置。

（2）在使用"钢笔"工具添加锚点时，按住【Shift】键并单击鼠标左键，可以将线段的角度限制为 45°的倍数。

（3）要选择锚点，可以选择工具箱中"直接选择"工具 ⬆ ，也可以在添加锚点模式下进行选择。

（4）选择"转换点"工具，可以将"平滑点"转换为"角点"，如图 3-26 所示。反之，如果想将"角点"转换为"平滑"点，只需选择锚点，并向切线方向拖拉出控制手柄即可。

3）变形文字

字符的形状调整除了"字体"、"字号"、"颜色"、"宽度"、"高度"、"间距"等属性，还可以对其进行变形调整。选择工具箱中"横排文字"工具 T 之后，在选项栏中单击"创建变形文字"按钮 ，打开如图3-27所示"变形文字"对话框。在"样式"下拉列表中可以选择各种文字的变形方式，如"扇形"、"弧形"、"拱形"、"贝壳"等，用户可以根据需要来选择不同的样式，调整样式的弯曲、水平扭曲、垂直扭曲等属性设置。

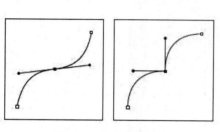

图3-26 角点与平滑点

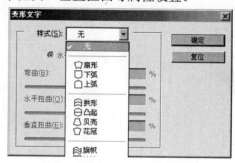

图3-27 "变形文字"对话框

3.1.2 应用模式——"Rhino's Life" Logo 制作

▶ **1. 任务效果图**（见图3-28）

图3-28 "Rhino's Life" Logo 制作效果图

▶ **2. 关键步骤**

❶ 新建图层，命名为"Logo描边"。在图像上使用"钢笔"工具 ，描出犀牛的形状，并对其填充白色（填充路径），如图3-29所示。

❷ 隐藏"Logo描边"图层。新建图层，命名为"背景"，设置前景色为RGB（34，41，47）。选择工具箱中"油漆桶" 工具填充"背景层"，将背景层放置于描边层的下方，如图3-30所示。

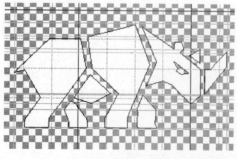

图3-29 描边，填充路径

图3-30 背景层

3.2 任务2 企业工作证设计

3.2.1 引导模式——"SONY 公司"工作证设计

▶1. 任务描述

完成一份 SONY 公司内部工作证的设计与制作,了解工作证的设计规范与制作流程。

▶2. 能力目标

① 能熟练运用"标尺"与"参考线"对图像内容进行精确定位;
② 能熟练运用"图片导入" 工具导入外部素材;
③ 熟悉证件照片的大小与照片框的制作;
④ 能熟练进行文字的输入、字体的调整与排版。

▶3. 任务效果图(见图 3-31)

图 3-31 "SONY 公司"工作证设计效果图

▶4. 操作步骤

❶ 打开"新建文件"对话框,设置宽度为"15 厘米"、高度为"10 厘米",分辨率为"72 像素/英寸",颜色模式为"RGB 颜色",名称为"工作证"。

注意:如果此格式近期经常被使用,或者属于常用模式,则可以单击"存储预设"按钮将其存储为预设模板,以方便今后选用。

❷ 选择工具箱中的"矩形"工具 ■,在画布适当的位置绘制一窄条长方形线条,颜色设置为蓝色 RGB(0, 153, 255),将工作证分隔为上、下两个部分,如图 3-32 所示。

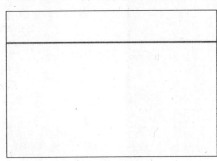

图 3-32 将工作证分隔成上、下两部分

③ 将素材库中的"素材—公司标志"图片拖至文件中。双击该图层名称，改名为"SONY"。选择"自由变换"工具进行大小调整，置于所绘蓝色线条左上方空白处，并在图层控制面板中将"SONY"图层拖至"矩形1"图层下方。

④ 选择工具箱中的"设置前景色"工具，设置颜色值为RGB（229，245，255）。新建图层并命名为"工作证底色"，选择工具箱中"矩形"工具并框选工作证的下半部分，为工作证的下半部分设置底色，如图3-33所示。

注意：为了保证框选精确性，请打开标尺、网格，并设置参考线。

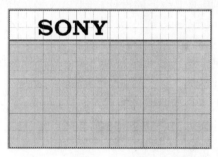

图3-33 工作证主体部分底色填涂效果

⑤ 选择"图层"→"图层样式"→"图案叠加"命令，如图3-34所示。在"图案"下拉菜单里选择"Woven"，不透明度设置为"15%"。为工作证主体部分设置一些纹理效果。

⑥ 选择工具箱中的"设置前景色"工具，设置颜色值为RGB（0，51，102）。选择工具箱中"横排文字"工具，在选项栏中设置字体为"黑体"，大小为"48点"，"浑厚"，在画布中适当位置单击鼠标左键，输入文字"工作证"。选中文字，打开"字符"选项卡。设置"VA"字符间距为"100"，并选择"仿粗体"，如图3-35所示。

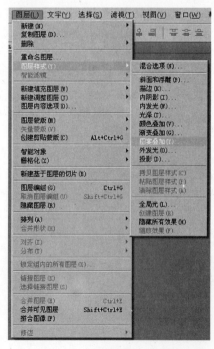

图3-34 "图层样式"菜单

图3-35 "字符"选项卡设置

⑦ 选择工具箱中的"横排文字"工具 T ，在选项栏中设置字体为"黑体"，大小为"14 点"，"浑厚"，颜色为黑色，在画布中适当位置单击鼠标左键，输入文字"姓名"、"性别"、"单位"、"职务"、"编号：58001"。

⑧ 为保证"姓名"、"单位"、"职务"、"编号"文字纵向间隔相同，可以使用参考线。或按住【Ctrl】键，用鼠标左键单击选择"姓名"、"单位"、"职务"、"编号"的图层，并单击"垂直左对齐"按钮 ，将这些文字左对齐，如图 3-36 所示。

图 3-36　对齐文字

⑨ 选择工具箱中的"直线"工具 ，设置颜色为黑色，如图 3-37 所示，在"姓名"、"性别"、"单位"、"职务"后面拉出适当长度的直线。

注意：为保证直线为水平方向，在绘制直线的同时按住【Shift】键，选择一条画好的直线，按住【Alt】键，拖动鼠标，可以快速复制出另一条线条，并保证长度和粗细一致。

⑩ 新建文件，设置宽度为"2.5 厘米"，高度为"3.5 厘米"，颜色模式为"RGB 颜色"。

⑪ 选择工具箱中的"矩形选框"工具 ，将整个新建的文件选中，然后拖动至"工作证"文件的适当位置，作为工作证贴照片的空白处，如图 3-38 所示。

图 3-37　选择"直线"工具

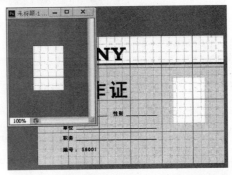

图 3-38　将新建文件拖动至"工作证"文件

⑫ 选择"文件"→"存储"命令或"文件"→"存储为"命令将文件保存。如要保存可编辑的 Photoshop 文件，则选择存储为"PSD"格式，如要保存为可以直接使用（不可编辑）的图片格式，则选择存储为"JPEG"格式。

➤5. 技巧点拨

1）对齐设置

为了便于文字图片的排版，Photoshop 提供了丰富的排版设置，其中包括多种对齐方式。

（1）启用对齐。选择"视图"→"对齐"命令或按【Shift+Ctrl+;】组合键。勾选标记表示已启用对齐功能。

（2）指定对齐的内容。选择"视图"→"对齐到"命令，从子菜单中选择一个或多个选项，如参考线与参考线对齐、网格与网格对齐、图层与图层中的内容对齐、切片与切片边界对齐、文档边界与文档的边缘对齐等，如图 3-39 所示。

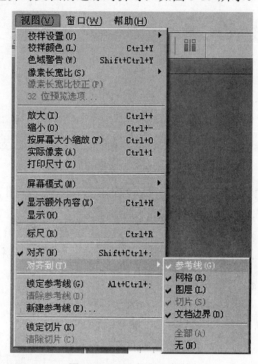

图 3-39 "对齐到"菜单

（3）要对齐多个图层，按住【Shift】键同时选中多个图层，选择"移动"工具，在选项栏进行对齐方式的选择，如图 3-40 所示。从左至右分别为顶对齐、垂直居中对齐、底对齐、左对齐、水平居中对齐、右对齐、按顶分布、垂直居中分布、按底分布、按左分布、水平居中分布、按右分布、自动对齐图层。

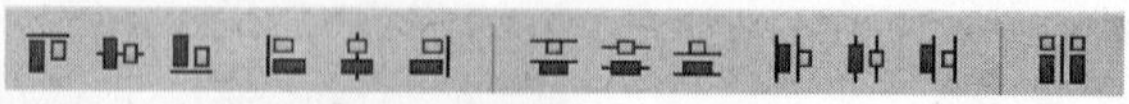

图 3-40 "对齐"选项栏

注意： 每个被对齐的对象应当单独建层。

2）照片尺寸设置

现将常用的照片尺寸与大小列举如下，以便设计不同大小的照片框时选用。

1 寸照片：2.5 厘米×3.5 厘米。

2 寸照片：3.5 厘米×4.9 厘米。

3.2.2 应用模式——"Sony Ericsson 公司"工作证设计

▶1. 任务效果图（见图 3-41）

图 3-41 "Sony Ericsson 公司"工作证设计效果图

▶2. 关键步骤

❶ 选择工具箱中的"矩形"工具 ，在画布适当位置拉出一窄条长方形线条，颜色设置为橙色 RGB（254，72，25），将工作证分隔为上下两个部分，如图 3-42 所示。

❷ 新建文件，命名为"照片"，设置宽度为"2.5 厘米"，高度为"3.5 厘米"，颜色模式为"RGB 颜色"。拖动至工作证文件中的适当位置，一般竖型工作证，照片放在左上方，如图 3-43 所示。

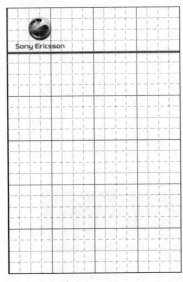

图 3-42 设置"工作证"基本结构

图 3-43 设置底色与照片位置

❸ 按住【Ctrl】或者【Shift】键的同时选中"工作证"、"WORK CARD"、"姓名"、"部门"、"职务"、"编号"图层，单击"垂直左对齐"按钮 ，效果如图 3-44 所示。

图 3-44　对齐图层的效果

3.3　任务 3　企业产品宣传册设计

3.3.1　引导模式——"iPod nano"宣传册设计（封面、封底）

▶1.　任务描述

从构思开始，制作一个"iPod nano"双折叠形式的宣传册。

▶2.　能力目标

① 能熟悉产品宣传册的设计与制作步骤，熟悉宣传册的排版方法；
② 能熟练运用"图层样式"和"渐变"工具制作倒影效果；
③ 能熟练使用颜色渐变编辑器，制作图片、文字的霓虹效果；
④ 能熟练进行文字的输入、字体的调整与排版。

▶3.　任务效果图（见图 3-45）

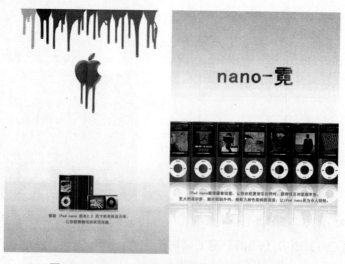

图 3-45　"iPod nano"宣传册封面、封底效果图

▶4．操作步骤

制作宣传册必须确定：宣传册的大小、形状和折叠（装订）类型。根据不同的需要和应用场合，宣传册有多种折叠（装订）类型，根据其折叠（装订）类型的不同，设计时所选用的格式方案及选用纸张等都会有相应的不同。本任务以常用的非装订双折叠型宣传册为例，介绍企业宣传册的基本制作流程。其他装订方式的宣传册在制作流程上，与此并无很大的差别，只需注意版面的方向及页面的连续性等问题即可。

❶ 选择折叠类型。制作双折叠形式的宣传册，需做四个版面，如图 3-46 所示。

注意：每个版面的顺序和页面方向，是保证最终成品连续性和可读性的必要条件。

图 3-46　折叠类型和版面顺序

❷ 构思和设计。

● 封面必须吸引人，可放置一些大图和产品名称等。

● 封底的图不需要非常醒目，可以放一些联系电话等相关的小字。

● 内页主要放置一些文字或一些详细的图片。

● 注意封面与封底的统一性、内页之间的协调性，以及整个宣传册的风格需统一。

● 注意页面的连续性和方向性。如页面 3 和 4 为连续页面，其之间的风格、色调、底色纹理等应该保持一致，不然将会影响和破坏整个宣传册的整体连续性。

❸ 新建文件，设置宽度为"28 厘米"，高度为"20 厘米"，颜色模式为"CMYK 颜色"，命名为"nano 宣传册"。

❹ 按【Ctrl+R】组合键打开标尺，选择"视图"→"新建参考线"命令，打开"新建参考线"对话框，设置取向为"垂直"，位置为"14 厘米"，如图 3-47 所示。

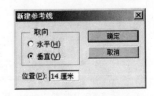

图 3-47　"新建参考线"设置

注意：因为宣传册的宽度为 28 厘米，所以，在 14 厘米处设置一垂直参考线即为此宣传册封面和封底的分割线。

❺ 打开素材库中的"素材—nano 1"图片，选择"图像"→"图像大小"命令，打开"图像大小"对话框，如图 3-48 所示，确保对话框下方的"约束比例"选项被勾选，将宽度改为"14 厘米"。选择"移动"工具将修改完大小的图片拖至宣传册文件的画布中，并摆放至合适位置。将该图层命名为"封面底图"，效果如图 3-49 所示。

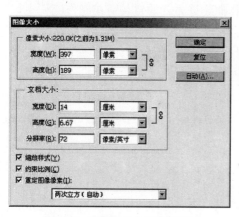

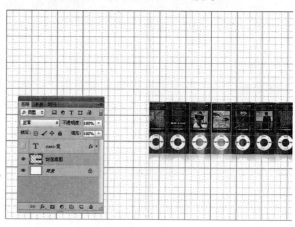

图 3-48 "图像大小"对话框　　　　　　图 3-49 封面底图

❻ 选择工具箱中的"横排文字"工具 T，在选项栏中设置字体为"黑体"，大小为"48 点"，"浑厚"、"粗体"，颜色为黑色，输入文字"nano-霓"。

❼ 选中"nano-霓"图层，选择"图层"→"图层样式"→"渐变叠加"命令，打开"图层样式"对话框，在"渐变"下拉菜单中选择"透明彩虹渐变"，角度"180"度（横向变化），缩放"120%"，勾选"反向"选项，如图 3-50 所示。

❽ 复制"封面底图"图层，将复制的图层命名为"封面底图—倒影"。选择倒影图层，选择"编辑"→"变换"→"垂直翻转"命令，将图片翻转。在图层控制面板中，将不透明度设置为"10%"。

❾ 选择"图层"→"图层样式"→"渐变叠加"命令，打开"图层样式"对话框，在"渐变"下拉列表中选择"前景色到透明"渐变，将左边色标的颜色值改为 CMYK（24，18，17，0），右边色标的改为白色，效果如图 3-51 所示。

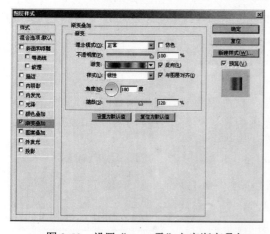

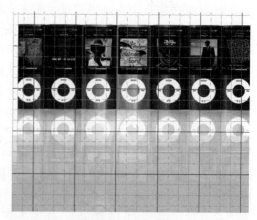

图 3-50 设置"nano-霓"文字渐变叠加　　　　图 3-51 制作倒影

❿ 复制背景层，选择"图层"→"图层样式"→"渐变叠加"命令，打开"图层样

式"对话框,选择"橙色,黄色,橙色"渐变方式,将最左边色标和最右边色标的颜色值改为 CMYK(24,18,17,0),中间色标的颜色改为白色,如图 3-52 所示,缩放设置为"130%",效果如图 3-53 所示。

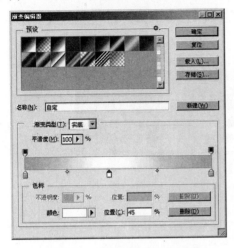

图 3-52 "渐变编辑器"设置　　　　图 3-53 封面背景效果

⑪ 打开素材库中的"素材—nano 2"图片,选择"图像"→"图像大小"命令,在"图像大小"对话框中,将宽度改为"14 厘米",然后将其拖至"nano 宣传册"文件的画布中,摆放至合适位置,如图 3-54 所示。

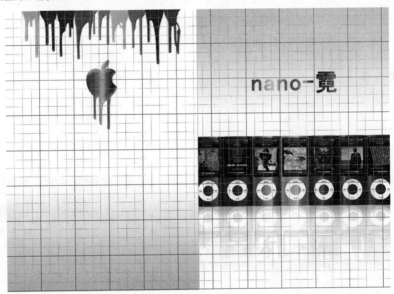

图 3-54 添加封底效果

⑫ 选择工具箱中的"横排文字"工具 T ,设置字体颜色为淡灰色 CMYK(46,37,35,0),字体为"黑体",大小为"9 点","浑厚",输入文字"iPod nano 新添摄像功能,让你在欣赏音乐的同时,获得悦目的视频享受。"用同样的方法输入文字"更大的显示屏、抛光铝制外壳,搭配九种色彩绚丽呈现,让 iPod nano 更为令人惊艳。"放在上一段文字的下方。然后在按住【Ctrl】或【Shift】键的同时选中两段文字所在图层,选择"水平居中对齐"按钮将两段文字对齐,效果如图 3-55 所示。

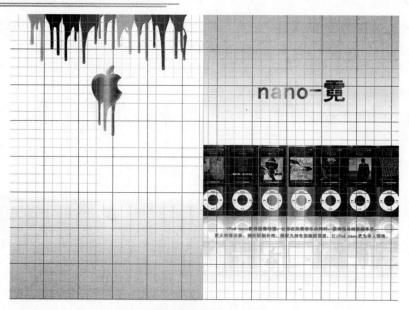

图 3-55　添加文字效果

⓭ 打开素材库中的"素材—nano 3"图片，选择"图像"→"图像大小"命令，在"图像大小"对话框中，将宽度改为"7 厘米"，然后将其拖至"nano 宣传册"文件的画布中，摆放至合适位置。设置图层混合模式为"正片叠底"。

⓮ 输入文字"新款 iPod nano 现有 2.2 英寸的亮丽显示屏，让你获得愉悦的视觉体验。"文字设置同步骤 12，最终效果如图 3-56 所示。

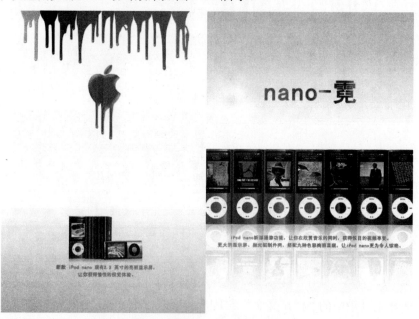

图 3-56　封面、封底最终效果

▶5. 技巧点拨

1）打开"图层样式"对话框

Photoshop 提供了各种效果（如阴影、发光和斜面）来更改图层内容的外观。图层效果与图层内容链接。移动或编辑图层的内容时，修改的内容中会应用相同的效果。例如，如果对文本图层应用投影并添加新的文本，则将自动为新文本添加阴影。

打开"图层样式"对话框的方法有三种。

（1）在图层控制面板中双击某图层。

（2）单击图层控制面板底部的"添加图层样式"按钮 *fx.*，并从弹出的菜单中选取效果，如图 3-57 所示。

图 3-57 "添加图层样式"菜单

（3）选择"图层"→"图层样式"下的子菜单命令。

2）"图层样式"介绍

选择"图层"→"图层样式"→"混合选项"命令，打开"图层样式"对话框，如图 3-58 所示。

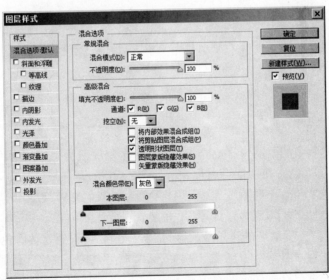

图 3-58 "图层样式"对话框

（1）斜面和浮雕。为图层添加高光、阴影的各种组合效果。

（2）描边。使用颜色、渐变或图案为图层进行轮廓描边。

（3）内阴影。在图层的边缘内添加阴影，具有凹陷的效果。

（4）外发光和内发光。为图层的外边缘或内边缘添加发光效果。

（5）光泽。为图层添加光泽效果。

（6）颜色叠加、渐变叠加和图案叠加。用颜色、渐变或图案对图层进行填充。

（7）投影。为图层添加阴影。

3.3.2 应用模式——"iPod nano"宣传册设计（内页）

▶ **1. 任务效果图**（见图 3-59）

图 3-59 "iPod nano"宣传册内页效果

▶ **2. 关键步骤**

❶ 打开素材库中的"素材—nano a"图片，将宽度改为"14 厘米"，并将图片拖至"nano 宣传册-内页"的画布中的合适位置，如图 3-60 所示。

❷ 输入文字"产品外观图"，设置字体颜色为淡灰色 CMYK（46，38，35，0），字体为"黑体"，大小为"14 点"，"浑厚"，并摆放到合适的位置。

❸ 输入文字"广受欢迎的音乐播放器 如今更好玩"，设置字体颜色值为 CMYK（0，52，91，0），字体为"黑体"，大小为"14 点"，"浑厚"，输入文字"假如你正置身于活力四射的购物场所，或是在餐厅中面对美食大块朵颐，如今，运用 iPod nano 的摄像功能，你可以将这些场景记录下来，无论横向或纵向拍摄，均能获得高品质视频，适合网络发布或通过邮件发送给朋友。iPod nano 亦配有麦克风，能够录制清晰的声音，之后通过内置扬声器播放出来。"设置字体颜色为淡灰色 CMYK（46，38，35，0），字体为"黑体"，大小为"11 点"，"平滑"，在适当的位置，应插入【Enter】键换行。选中文字后，按【Ctrl+T】组合键打开字符控制面板，将段间距调整为"14 点"左右。效果如图 3-61 所示。

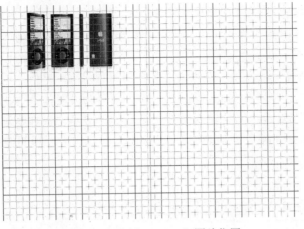

图 3-60 "素材—nano a"图片位置

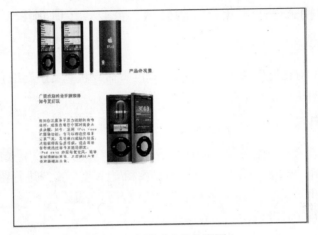

图 3-61 内页"产品外观图"

❹ 重复以上操作，分别打开素材库中其他图片，调整大小放在合适的位置。

❺ 输入文字"Genius 混合曲目"，设置字体为"黑体"，大小为"14 点"，颜色值为 CMYK（0，89，95，0）。输入文字"控制你的 Genius。或让其自作主张。不论何种方式，Genius 都会自动浏览你的音乐库，找到彼此完美搭配的歌曲。"设置字体为"黑体"，大小为"11 点"，"浑厚"，颜色值为 CMYK（46，38，35，0）。

❻ 输入文字"摇一摇，让音乐随机"，设置字体为"黑体"，大小为"14 点"，颜色值为 CMYK（61，0，92，0）。输入文字"想要以一种完全随机的方式欣赏音乐？只需开启"摇动以随机播放"功能，轻轻摇一下，即可随机播放曲库中一首完全不同的歌曲。你永远无法知道 iPod nano 播放的下一首歌曲是什么。"设置字体颜色值为 CMYK（46，38，35，0），大小为"11 点"。

❼ 输入文字"FM 收音机+实时暂停"，设置字体为"黑体"，大小为"14 点"，颜色值为 CMYK（67，0，54，0）。输入文字"假设你需要暂停喜爱的电台节目。只需轻轻一点，iPod nano 可让你暂停播放，再点一下便可继续收听同一电台。甚至可以返回至 15 分钟前的节目，然后快进便可继续收听实时广播。FM 刻度盘上有无限精彩。现在，FM 调谐器让你可以在通勤途中收听喜爱的早间节目，在锻炼时发现新的好音乐。甚至可为你显示正在收听的内容和表演者信息。"，设置字体颜色值为 CMYK（46，38，35，

0)，大小为"11点"。

❽ 输入文字"照片同样出色"，设置字体为"黑体"，大小为"14 点"，颜色值为 CMYK（64，34，9，0）。输入文字"随时从口袋里掏出数百张照片和大家分享。"设置字体颜色值为 CMYK（46，38，35，0），大小为"11点"。

❾ 输入文字"计步器和 Nike + iPod"，设置字体为"黑体"，大小为"14点"，颜色值为 CMYK（71，63，0，0）。输入文字"全新的计数器记录你跑过的每一步。亦可搭配 Nike+跑鞋和 Nike+iPod 运动套件，让你的 iPod nano 成为理想的健身伙伴。"设置字体颜色值为 CMYK（46，38，35，0），大小为"11点"。

3.4 任务4 企业宣传册制作

3.4.1 引导模式——"北京日创公司"企业宣传册制作

1. 任务描述

能利用"亮度/对比度"命令、"色相/饱和度"命令和"文字"工具段落排版等功能制作完成一份完整的"北京日创公司"企业宣传册。

2. 能力目标

① 能熟悉企业宣传册的设计与制作步骤，熟悉企业宣传册的版式；
② 能熟练运用"亮度/对比度"命令和"色相/饱和度"命令进行图片色调的调整；
③ 能熟练使用"文字"工具对文字进行修改及属性设置；
④ 能熟练进行字体及段落的调整与排版。

3. 任务效果图（见图3-62）

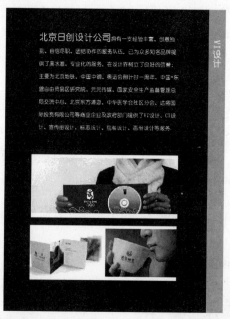

图3-62 "北京日创公司"企业宣传册效果图

▶▶4．操作步骤

"北京日创公司"企业宣传册设计成 6 页，第 1 页为封面，第 2 页为公司理念、文化介绍，第 3 页、第 4 页、第 5 页为公司功能介绍，第 6 页为封底。

1）第 1 页

❶ 新建文件，命名为"页码 1"，设置宽度为"600 像素"，高度为"800 像素"，"CMYK 颜色"模式。

❷ 新建图层，命名为"背景"。

❸ 选择工具箱中"油漆桶"工具🪣，将"背景"图层填充为黑色 CMYK（93，88，89，80）。

❹ 选择工具箱中"直排文字"工具 T，输入文字"北京日创设计"，设置文字颜色为白色 CMYK（0，0，0，0），"浑厚"，字体为"幼圆字体"，大小为"60 点"，并移至合适位置。

❺ 输入文字"Reachsun design"，设置字体为"Arial"，大小为"36 点"，"浑厚"，"仿斜体"。"Reachsun"字母颜色值为 CMYK（7，11，87，0），"design"字母颜色值为 CMYK（1，41，91，0）。最后效果如图 3-63 所示。

图 3-63 "第 1 页"效果示意图

❻ 选择"文件"→"存储"命令储存文件。

2）第 2 页

❶ 新建文件，命名为"页码 2"，设置宽度为"600 像素"，高度为"800 像素"，"CMYK 颜色"模式。

❷ 新建图层，命名为"背景"。

❸ 选择工具箱中的"油漆桶"工具🪣，将"背景"层填充为黑色。

❹ 选择"文件"→"打开"命令或按【Ctrl+O】组合键，打开素材库中的"素材—办公室 1"和"素材—办公室 2"图片，并将其分别拖至"页码 2"文件画布中，按【Ctrl+T】组合键开启自由变换模式，按【Shift】键锁定长宽比，拖动鼠标调整图片大小，并放置

于画布的适当位置。分别命名图层为"办公室1"和"办公室2"。

⑤ 在图层控制面板中，选择"办公室1"图层，选择"图像"→"调整"→"亮度/对比度"命令，打开"亮度/对比度"对话框，设置亮度为"20"，同理将"办公室 2"图层图片亮度设置为"10"。

⑥ 在图层控制面板中，选择"办公室1"图层，选择"图像"→"调整"→"色相/饱和度"，打开"色相/饱和度"对话框，设置明度为"10"，同理将"办公室2"图层图片明度设置为"30"。设置后效果如图3-64所示。

⑦ 输入文字"我们的目的"，设置字体为"幼圆"，大小为"24点"，颜色为白色，"浑厚"。输入文字"客户的成功是我们的成功。"设置字体为"幼圆"，大小为"14点"，颜色为白色，"浑厚"。

⑧ 在图层控制面板中，选择"我们的目的"图层，单击鼠标右键，在弹出的快捷菜单中选择"复制图层"命令，如图3-65所示，复制文字图层"我们的目的"，移至合适位置，将文字内容修改为"我们的相信"，设置字体为"幼圆"，大小为"24点"，颜色为白色，"浑厚"。

图3-64　图片亮度明度设置效果

图3-65　复制图层

⑨ 输入文字"能更全面地挖掘客户的优势，让客户最终远远领先于竞争对手。"输入文字"我们将致力于成为您的事业伙伴，并以真诚回报您给予的信任。"设置字体为"幼圆"，大小为"14点"，颜色为"白色"，"浑厚"。

⑩ 按住【Ctrl】键的同时选择"我们的目的"和"我们的相信"图层，单击"垂直左对齐"按钮将其对齐，选择另两段文字图层，单击"垂直左对齐"按钮将其对齐。最后完成画布效果如图 3-66 所示。

⑪ 选择"文件"→"存储"命令储存文件。

图 3-66 "第 2 页"效果示意图

3）第 3 页

① 新建文件，命名为"页码 3"，设置宽度为"600 像素"，高度为"800 像素"，"CMYK颜色"模式。

② 新建图层，命名为"背景"。

③ 选择工具箱中"油漆桶"工具，将"背景"层填充为黑色。

④ 选择工具箱中"矩形选框"工具，在选项栏中设置样式为"固定大小"，宽度为"50 像素"，高度为"800 像素"，在页面右边拉一个垂直的长方形，如图 3-67 所示。

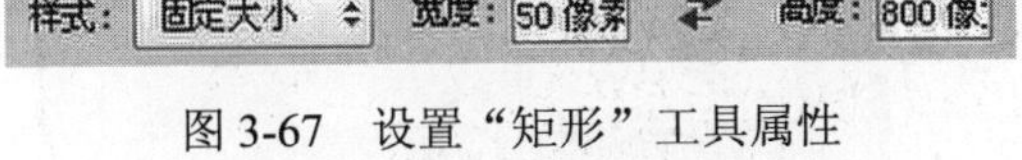

图 3-67 设置"矩形"工具属性

⑤ 设置前景色为 CMYK（55，0，89，0），选择工具箱中"油漆桶"工具，将页面右边框填充为该色，如图 3-68 所示。

图 3-68 右边框位置、颜色示意图

⑥ 输入文字"VI 设计"，设置字体为"幼圆"，大小为"24 点"，颜色为白色，"浑厚"，选择选项栏中"更改文本方向"按钮，将文字方向修改为竖直排列，如图 3-69 所示。

图 3-69 "更改文本方向"按钮

⑦ 输入文字"北京日创设计公司拥有一支经验丰富、创意独到、自信尽职、团结协作的服务队伍，已为众多知名品牌提供了高水准、专业化的服务，在设计界树立了良好的信誉；主要为北京地铁、中国中钢、奥运会倒计时一周年、中国·东盟自由贸易区研究院、元元传媒、国家安全生产监督管理总局交流中心、北京东方道迩、中华医学会社区分会、达盛国际投资有限公司等商业企业及政府部门提供了 VI 设计、CI 设计、宣传册设计、标志设计、包装设计、画册设计等服务。"设置字体为"幼圆"，大小为"14 点"，颜色为白色，"浑厚"。选择文字"北京日创设计公司"，将其字体大小改为"24 点"。

⑧ 打开素材库中的"素材—VI1"图片、"素材—VI2"图片，将其拖动至文件"页码 3"的画布中，并调整大小，使用"对齐"工具排好位置，效果如图 3-70 所示。

⑨ 选择"文件"→"存储"命令储存文件。

图 3-70 "第 3 页"效果示意图

4）第 4 页

① 第 4 页、第 5 页页面版式与第 3 页相似，可打开"页码 3"的".PSD"格式文件，选择"文件"→"存储为"命令，保存为"页码 4"。

② 在图层控制面板中，选择"形状 1"图层，双击图层，设置颜色值为 CMYK（68，11，29，0）。

③ 选择工具箱中的"文字"工具 T，选中文字"VI 设计"，将"VI 设计"改为"标志设计"。

④ 将文字段落内容改为"标志设计、Logo 设计作为企业 CIS 战略的最主要部分。在企业形象传递过程中，是应用最广泛、出现频率最高，同时也是最关键的元素。企业强大的整体实力、完善的管理机制、优质的产品和服务，都被涵盖于标志（标志设计、Logo 设计）中，通过不断的刺激和反复刻画，深深地留在受众心中。"设置字体为"幼

圆"，大小为"14 点"，颜色为白色，"浑厚"。选择文字"标志设计、Logo 设计"，将其字体大小改为"24 点"。

⑤ 在图层控制面板中，删除"VI 设计"图片所在图层，打开素材库中"素材—Logo"图片，并将其拖动至画布中合适位置，适当调整图像大小，效果如图 3-71 所示。

⑥ 选择"文件"→"存储"命令储存文件。

5）第 5 页

① 同第 4 页制作方法，将"形状 1"的颜色值设置为 CMYK（53，80，0，0）。

② 将右框文字"标志设计"改为"书籍设计"。

③ 删除"标志设计"图片所在图层。打开素材库"素材—书籍设计"图片，并将其拖动至画布中合适位置，适当调整图像大小，效果如图 3-72 所示。

④ 选择"文件"→"存储"命令储存文件。

图 3-71 "第 4 页"效果示意图

图 3-72 "第 5 页"效果示意图

6）第 6 页

① 新建文件，命名为"页码 6"，设置宽度为"600 像素"，高度为"800 像素"，"CMYK颜色"模式。

② 新建图层，命名为"背景"。

③ 选择工具箱中"油漆桶"工具，将"背景"层填充为黑色。

④ 输入文字"北京日创设计"，设置字体为"幼圆"，大小为"36 点"，颜色为白色，"浑厚"。

⑤ 设置文字字体为"幼圆"，大小为"14 点"，颜色为白色，"浑厚"。在上一行文字的下方输入以下文字。

ADD：北京市朝阳区后现代城 OFFICE-701

TEL：86-10-87732980

市场部 E-mail:office@reachsun.com

人事部 E-mail:hrd@reachsun.com

⑥ 选择"文件"→"存储"命令储存文件。效果如图 3-73 所示。

➤ 5. 技巧点拨

1）字符设置

选择"窗口"→"字符"命令打开"字符"选项卡。在"字符"选项卡中可以设置文字的字体，调整文字的"大小"、"高度"、"宽度"、"颜色"、"字符间隔"等。如果被编辑的文本中有多行，可以单击面板上的"行间距下拉列表"  来选择"行间距"。如图 3-74 所示。

图 3-73 "第 6 页"效果示意图

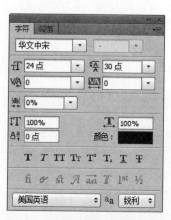

图 3-74 "字符"格式设置对话框

2）段落对齐方式设置

选择"窗口"→"字符"命令打开"字符"选项卡，选择"段落"选项卡可以进行段落的设置，如图 3-75 所示，可以选择文字图层或选择要影响的段落，在"段落"选项卡中，单击段落对齐选项，除了常用的"左对齐"、"居中对齐"、"右对齐"对齐方式外，还有以下一些段落对齐方式。

图 3-75 "段落"选项卡

（1）横排文字的选项有：

● 最后一行左对齐。对齐除最后一行外的所有行，最后一行左对齐。

● 最后一行居中对齐。对齐除最后一行外的所有行，最后一行居中对齐。

● 最后一行右对齐。对齐除最后一行外的所有行，最后一行右对齐。

● 全部对齐。对齐包括最后一行的所有行，最后一行强制对齐。

（2）直排文字的选项有：

● 最后一行顶对齐。对齐除最后一行外的所有行，最后一行顶对齐。

● 最后一行居中对齐。对齐除最后一行外的所有行，最后一行居中对齐。

● 最后一行底对齐。对齐除最后一行外的所有行，最后一行底对齐。

全部对齐。对齐包括最后一行的所有行，最后一行强制对齐。

3）调整段落缩进与间距

（1）选择要影响的段落，或选择文字图层。如果没有在段落中插入光标，或未选择文字图层，则设置将应用于创建的新文本。

（2）在"段落"选项卡中，调整左缩进 、右缩进 、首行缩进 、"段前添加空格" 和"段后添加空格" 的值。

3.4.2 应用模式——相城区政府宣传册制作

▶**1. 任务效果图**（见图 3-76～图 3-79）

图 3-76 "相城区政府宣传册"封面、封底

图 3-77 "相城区政府宣传册"内页 01、02

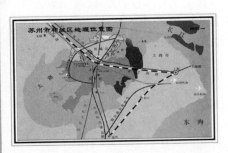

图 3-78 "相城区政府宣传册"内页 03、04

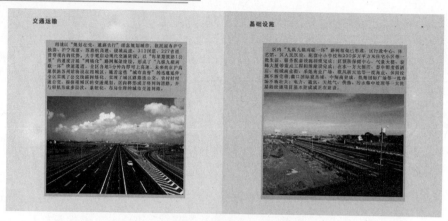

图 3-79 "相城区政府宣传册"内页 05、06

2. 关键步骤

1）封面

❶ 新建图层为"图层 1"，填充颜色为 CMYK（81，40，11，0）。

❷ 导入素材库中的"相城区盛泽"图片，进行自由变换，图层混合改为"叠加"，如图 3-80 所示。

图 3-80 封面效果图

❸ 输入文字"苏州"，颜色设置为金黄色，"锐利"，字体为"华文行楷"，大小为"60点"。输入"相城"，颜色设置为金黄色，"浑厚"，"仿粗体"，字体为"华文行楷"，大小为"72 点"。将文字移至合适位置，然后将这两个文字图层合并。选择图层样式中的"渐变叠加"，混合模式改为"滤色"，渐变颜色两端为 CMYK（9，30，88，0），中间 67%处为 CMYK（7，1，23，0），设置缩放为"119%"。勾选"投影"，修改不透明度为 100%。

❹ 绘制一条黄色的横线，在线下方输入文字"苏州市最新的城区"，字体颜色为金黄色，大小为"14 点"，字体为"黑体"，字距为"800"。

2）内页——交通运输

❶ 新建图层为"图层 1"，将其用色板中的浅黄色进行填充。

❷ 输入"交通运输"，设置字体为"黑体"，大小为"18 点"，颜色为灰色，"浑厚"。输入文字"相城以"规划在先、道路先行"理念规划城市，依托原有沪宁铁路、沪宁高速、苏嘉杭高速、绕城高速、312 国道、227 省道贯穿境内的优势，大手笔启动现代交通建设，以"每星期筑路 1 公里"的速度开展"网格化"路网框架建设，形成了"九纵九

横两联一环"快速通道。全区各地 5 分钟内即可上高速。未来的京沪高速铁路苏州站将设在相城区。随着这些"城市血管"的迅速延伸，全区实现了公交线路网络化，实现了城区路路通公交、农村村村通公交。根据相城区的交通规划，区内将形成方格网的道路，并与轻轨形成多层次、系统化、布局合理的城市交通网络。"设置字体为"华文中宋"，大小为"14 点"，颜色为白色，"浑厚"。

③ 打开"交通运输"图片，拖至文件中，使文字与图片的大小对齐。

④ 选择"矩形"工具 █，在文字与图片周围拉出一个矩形，颜色改为橘黄色，最终效果如图 3-81 所示。

参考上面步骤完成其余页面。

图 3-81　内页"交通运输"效果图

3.5　实践模式——"传媒公司"名片设计

➡ 知识扩展

企业形象设计又称 CI 设计。

CI 是 Corporate Identity 的缩写，CIS 是 Corporate Identity System 的缩写。前者意为企业识别，后者意为企业识别系统。Corporate 为企业，Identity 这个词，在英语中至少包含有同一、一致，认出、识别、个性、特征等意思。这里的识别，表达了一种自我同一性。

CIS 包括三部分，即 MI（理念识别）、BI（行为识别）和 VI（视觉识别）。

一个完整的 VI 基础系统必须包括如图 3-82 所示各个部分。

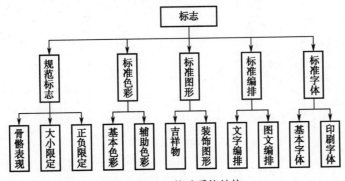

图 3-82　VI 基础系统结构

在实际应用中，一个 VI 应用系统需要涵盖如图 3-83 所示各个部分。

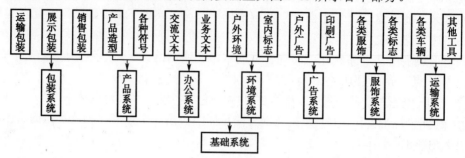

图 3-83　VI 应用系统结构

➔ 相关素材

制作要求：根据所给素材和模板（素材 3-1～素材 3-3），自制"伯雅文化传媒"公司的名片。尽量选择画面中已有的颜色进行搭配，能够使整个画面色彩更为协调统一。可参考如图 3-84 所示效果图制作。

素材 3-1　"伯雅文化传媒"名片模板素材

素材 3-2　"伯雅文化传媒"Logo 素材

素材 3-3　花纹素材

图 3-84　名片设计参考效果图

3.6 知识点练习

一、填空题

1. 在图层控制面板上，_____是不能上下移动的，只能是最下面一层。

2. 文字图层执行滤镜效果的操作，首先选择"图层"→"_____"→"文字"命令，然后选择任何一个滤镜命令。

3. 文字图层中文字信息的文字颜色、文字内容、_____可以进行修改和编辑。

二、选择题

1. 如图 3-85 所示：在图中的文字使用"文字变形"工具将文字变形至右图中的文字效果，使用的是工具（　　）。

   A. 扇形　　　　　　B. 下弧　　　　　　C. 拱形　　　　　　D. 旗帜

2. 如图 3-86 所示，图中的文字变形效果是由"创建变形文字"工具完成的，该效果采用了（　　）命令。

   A. 鱼形　　　　　　B. 膨胀　　　　　　C. 凸起　　　　　　D. 鱼眼

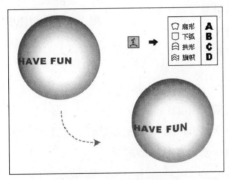

图 3-85　文字变形效果 1

图 3-86　文字变形效果 2

3. 如图 3-87 所示，从图 A 到图 B 的变化，对文本块执行的操作是（　　）。

   A. 单击"段落"选项卡中的居左对齐按钮

   B. 单击"段落"选项卡中的居中对齐按钮

   C. 单击"字符"选项卡中的居左对齐按钮

   D. 单击"字符"选项卡中的居右对齐按钮

图 3-87　文本块的变化

4. 如图 3-88 所示，将图 A 中的部分文字添加特殊效果，变为图 B 的状态，以下说法正确的是（　　）。

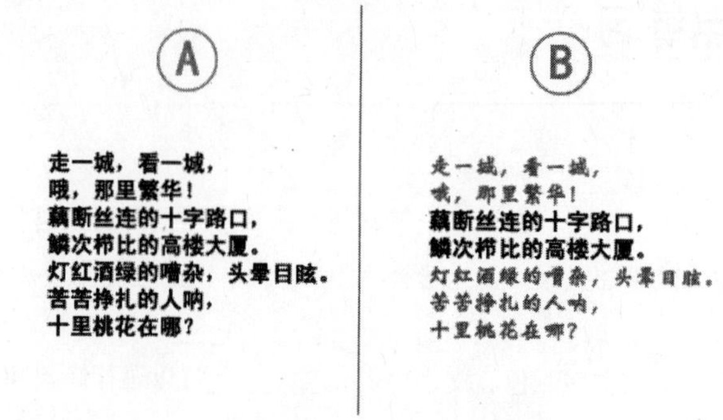

走一城，看一城，
哦，那里繁华！
藕断丝连的十字路口，
鳞次栉比的高楼大厦。
灯红酒绿的嘈杂，头晕目眩。
苦苦挣扎的人呐，
十里桃花在哪？

走一城，看一城，
哦，那里繁华！
藕断丝连的十字路口，
鳞次栉比的高楼大厦。
灯红酒绿的嘈杂，头晕目眩。
苦苦挣扎的人呐，
十里桃花在哪？

图 3-88　文字特殊效果的变化

A．图 B 中，一定是使用了字符样式为文字设置特殊属性

B．图 B 中，一定是选中文字后设置的文字属性

C．图 B 中，可能是使用了字符样式改变了文字的属性

D．使用段落样式制作图 B 中文字的特殊效果，是最方便的

5. 如图 3-89 所示是使用图层样式制作的效果，请问不需要用到下列哪个图层样式实现这种效果？（　　）

A．投影　　　　　　　　　B．内阴影

C．内发光　　　　　　　　D．外发光

E．斜面和浮雕　　　　　　F．图案叠加

图 3-89　使用图层样式
制作的效果图

三、判断题

1. 对文字执行"仿粗体"操作后仍能对文字图层应用图层样式。　　　　　　（　　）

2. 在字符调板中的字体系列列表中，黑体字显示为"SimHei"，如果要显示字体的中文名称，可以选择"编辑"→"预置"→"常规"命令，选择"显示亚洲文本"选项。　　（　　）

3. Photoshop 中不能直接对背景层添加调整图层。　　　　　　　　　　　（　　）

114

包装设计篇

项目 4　书籍包装设计

项目 5　产品包装设计

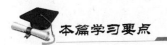

本篇学习要点

➢ 掌握包装设计领域所涉及的多种类型。

➢ 了解各类型包装的特点及不同之处。

➢ 掌握书籍包装、产品包装的不同设计与制作方法。

➢ 掌握各任务相关工具使用技巧与知识点。

项目 4

书籍包装设计

包装作为一门综合性学科，具有商品和艺术相结合的双重性。包装是品牌理念、产品特性、消费心理的综合反映，直接影响到消费者的购买欲，所以包装是建立产品亲和力的有力手段。在经济全球化的今天，包装与商品已融为一体，作为实现商品价值和使用价值的手段，在生产、流通、销售和消费领域中，发挥着极其重要的作用。包装的功能是保护商品、传达商品信息、方便使用、方便运输、促进销售和提高产品的附加值。

4.1 任务 1 书籍封面设计

4.1.1 引导模式——《古希腊建筑欣赏》封面设计

▶1. 任务描述

利用"图层蒙版"、"文字"工具、"渐变"工具等，制作一张内容为古希腊建筑欣赏的书籍封面。

▶2. 能力目标

① 能熟练运用"图层蒙版"功能进行多图片的无缝融合；
② 能熟练运用"文字"工具进行文字排版；
③ 能熟练运用"画笔"工具进行蒙版的编辑以达到所需效果；
④ 能利用"画笔"工具同样达到描边的效果。

▶3. 任务效果图（见图 4-1）

▶4. 操作步骤

❶ 创建新文件，在"预设"中选择"国际标准纸张"，大小选择"A4"，颜色模式设置为"RGB 颜色"，名称输入"书籍封面设计"，分辨率设置为"120 像素/英寸"。选择"视图"→"标尺"命令，或按【Ctrl+R】组合键显示标尺。

❷ 打开素材库中的"素材—背景"图片，选择"移动"工具将其拖至新建文件中，使其布满整个画面成为"图层 1"，如图 4-2 所示。打开素材库中"素材—地图"图片，选择"移动"工具将其拖至新建文件中，置于画布上方成为"图层 2"，如图 4-3 所示。

图 4-1 《古希腊建筑欣赏》封面设计效果图

图 4-2 添加"素材—背景"后效果　　　　图 4-3 添加"素材—地图"后效果

❸ 在图层控制面板中，单击下方的"添加图层蒙版"按钮 ▣，为"图层 2"添加图层蒙版。选择工具箱中"渐变"工具，在其选项栏中选择"线性渐变"，设置渐变类型为"黑，白渐变"，按住【Shift】键不放，在画面中自下至上绘制一条垂直线，此时蒙版缩略图颜色为上白下黑▮，画面效果如图 4-4 所示。

❹ 打开素材库中的"素材—古堡"图片，选择"移动"工具将其拖至当前文件中，置于画面下方成为"图层 3"，如图 4-5 所示。采用与上一步骤相同方法为"图层 3"添加蒙版，选择工具箱中"渐变"工具，在其选项栏中选择"线性渐变"，设置渐变类型为"黑，白渐变"，按住【Shift】键不放，在画面中自上至下绘制一条垂直线。设置前景色

为黑色，选择"画笔"工具并设置适当的画笔大小，在蒙版上将天空部分抹去，如图 4-6
所示。

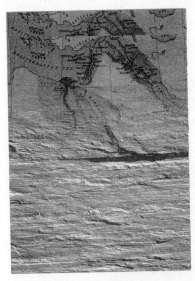

图 4-4　添加蒙版后效果

图 4-5　放置"素材—古堡"后效果

❺　新建图层"图层 4"，选择"画笔"工具，在"素材—古堡"图片上按住【Alt】
键吸取天空的蓝色，选择合适的画笔在建筑物周围进行涂抹。在图层控制面板中，将"图
层 4"移至"图层 3"下面，效果如图 4-7 所示。

图 4-6　抹去天空部分

图 4-7　添加蓝色后效果

❻　在图层控制面板中，选中"图层 3"，选择工具箱中"横排文字"工具，分别在
画面的中间与底部输入如下文字："古希腊建筑欣赏"，"古希腊建筑艺术杰作的普遍优点
在于高贵的单纯和静穆的伟大。高贵的单纯和静穆的伟大典型地体现在多立克和爱奥尼
两种柱式的建筑里。作为建筑艺术典范的神庙建筑则成为古希腊建筑艺术的原型，是古
希腊留给世人最珍贵的文化遗产。""行遍天下特搜小组　编"，"世界文化出版社"。最后
在画面四周绘制一些线框用以统一版式，效果如图 4-8 所示。

图 4-8　添加文字后效果

▶5. 技巧点拨

1）画笔涂抹编辑"图层蒙版"

当图层创建蒙版后，用黑色画笔在蒙版上涂抹将隐藏当前图层内容，显示下面的图像；相反，用白色在蒙版上涂抹则会显露当前图层信息，遮住下面的图层。如图 4-9 所示，画面中有两个图层，一个是海洋图层，另一个是土地图层。当添加"图层蒙版" 🔲 后，在图层控制面板中，土地图层缩略图右侧会出现一个蒙版图层缩略图，如图 4-10 所示。

图 4-9　海洋与土地图片

图 4-10　蒙版图层缩略图

选择工具箱中"画笔"工具，设置前景色为黑色，在土地上涂抹，土地就消失了，效果如图 4-11 所示。设置前景色为白色进行涂抹，此时被擦去的土地又重新显示出来。

2）由选区创建"图层蒙版"

由当前选区也可创建"图层蒙版"。如图 4-12 所示，在图像上创建一个选区，在图层控制面板中，单击下方的"添加图层蒙版"按钮，图层控制面板状态如图 4-13 所示，效果如图 4-14 所示。

图 4-11　涂抹土地后效果

图 4-12　添加选区

蒙版内用白色填充选区，选区外用黑色填充是显示选区；隐藏选区则相反。图层控制面板如图 4-15 所示，效果如图 4-16 所示。选择"图层"→"图层蒙版"命令，选择"显示选区"或"隐藏选区"，也可得到如上图效果。

图 4-13　图层控制面板"白色填充选区"

图 4-14　"白色填充选区"蒙版后效果

图 4-15　图层控制面板"黑色填充选区"

图 4-16　"黑色填充选区"蒙版后效果

4.1.2 应用模式——封底设计

> **1. 任务效果图**（见图4-17）

图4-17 封底设计效果图

> **2. 关键步骤**

① 用相关素材制作书籍封底，在封底右下角绘制一个长方形，填充为白色。新建图层，设置前景色为"黑色"，选择工具箱中"铅笔"工具，画笔大小设置为"1"像素，如图4-18所示。如图4-19所示，在白色区域下方绘制一根直线。

图4-18 "铅笔"工具设置

② 选择"滤镜"→"杂色"→"添加杂色"命令，打开"添加杂色"对话框，设置数量为最大（400%）并勾选窗口左下角的"单色"选项，效果如图4-20所示。

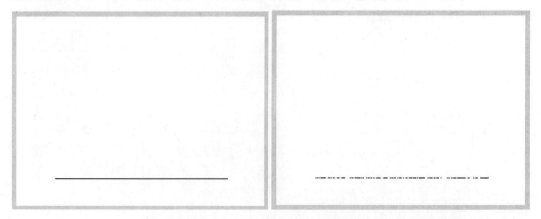

图4-19 绘制直线后效果　　　　　　　　　　图4-20 添加杂色后效果

❸ 按【Ctrl+T】组合键开启自由变换模式，将选区向上拉至长方形，效果如图 4-21 所示。选择"图像"→"调整"→"色阶"命令，打开"色阶"对话框，将左右两端黑白箭头推至中央加强对比度，去除中间的灰色线条，如图 4-22 所示。

图 4-21 自由变换后效果

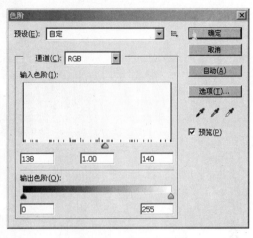

图 4-22 "色阶"设置

❹ 在条形码周围添加数字编码和其他内容，效果如图 4-23 所示。

图 4-23 添加文字后效果

4.2 任务 2 书籍扉页设计

4.2.1 引导模式——ELLE 杂志扉页设计

▶1. 任务描述

利用"背景橡皮擦"工具、"拾色器"工具、"模糊"工具等，制作一张内容为时尚服装的杂志扉页。

▶2. 能力目标

① 能使用"图像大小"命令查看图像分辨率及大小；
② 能熟练运用"移动"工具进行画面排版；
③ 能熟练运用"背景橡皮擦"工具进行背景的擦除；
④ 能熟练运用"模糊"工具模糊人物边缘。

3. 任务效果图（见图 4-24）

图 4-24 "ELLE 杂志扉页设计"效果图

4. 操作步骤

① 打开素材库中的"素材—杂志封面"图片，选择"图像"→"图像大小"命令，打开"图像大小"对话框，查看封面的图像大小及分辨率，如图 4-25 所示。新建文件，设置与封面相同的图像大小及分辨率，宽度为"594 像素"，高度为"800 像素"，分辨率为"100 像素/英寸"。将素材库中"素材—人物"图片拖至文件中成为"图层 1"，调整大小，效果如图 4-26 所示。

② 复制人物图层为"图层 1 副本"，新建图层为"图层 2"，填充为白色。将素材库中"素材—天空"图片拖至文件中成为"图层 3"，调整其大小并布满整个画布，在图层控制面板中，拖动该图层位于"图层 1 副本"下面。在图层控制面板中，使"图层 2"位于天空图层的下面，该白色图层为下面人物擦除背景做检查，如图 4-27 所示。

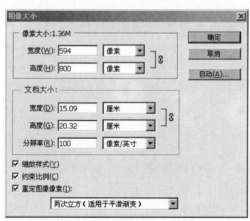

图 4-25 "图像大小"查看

图 4-26 添加"人物"素材后效果

图 4-27 当前图层控制面板状态

③ 选择"图层1副本",单击工具箱中"设置前景色"工具█,用"吸管"单击发梢处取色作为前景色。单击"背景色"拾色器,用"吸管"在头发以外区域取色。选择工具箱中"背景橡皮擦"工具█,在选项栏中设置"取样:背景色板"█,限制为"不连续",容差为"50%",勾选"保护前景色"选项,选择适合大小的笔刷在画面中进行擦拭。再次选择"背景橡皮擦"工具,重新设置前景色、背景色,对图层进行再次擦拭。待所有部分大致擦拭完后可选择"橡皮擦"工具再进行细节擦拭,直至所有灰色背景擦拭干净为止,将"图层3"隐藏,用"图层2"白色检查人物背景擦除效果,检查结束显示"图层3"。擦拭后效果如图4-28所示。

注意: 擦到人物边缘处时要小心,可以放大图像进行擦拭,细微处画笔的硬度调低一些,擦错的地方可按【Ctrl+Z】组合键退回上一步骤重新擦拭。头发处可采用此方法,大面积的背景可直接采用"橡皮擦"工具进行擦除。

④ 调整天空图层的色相、饱和度、亮度,使其与"素材—杂志封面"图片背景的色彩相统一。新建图层,选择工具箱中"渐变"工具,选择渐变方式为"前景色到透明渐变",在"渐变编辑器"对话框中,将左右侧色标颜色均设置为白色。在图层下方拉出一段渐变,使背景下面部分颜色不要太深,设置图层不透明度为"70%",效果如图 4-29所示。

⑤ 调整"图层1副本"的饱和度、色相,使其与"素材—杂志封面"图片中人物的肤色相协调。选择工具箱中"模糊"工具擦拭人物边缘。画面效果如图4-30所示。

⑥ 选择"横排文字"工具,输入文字"glamourama",设置颜色值为 RGB(255,51,51),字体为"Arial Black",大小为"48点","仿粗体",置于如图4-31所示位置。输入文字"Widely regarded as the doyen of Italian fashion, he has kept investors guessing on the future of his company, at times hinting at a bourse listing and at other times signaling he could sell the group.",设置颜色值为 RGB(255,51,51),字体为"Arial Black",大小为"10点","仿粗体",效果如图 4-31 所示。

图 4-28 使用"背景橡皮擦"后效果

图 4-29 调整天空色彩后效果

126

图 4-30 调整人物色彩后效果

图 4-31 添加文字后效果

5. 技巧点拨

1）"模糊"工具

"模糊"工具 是将画面上涂抹的区域变得模糊，从而突显主体。模糊的最大效果就是体现在色彩的边缘上，原本清晰分明的边缘在模糊处理后边缘被淡化，整体就感觉变模糊了。如图 4-32 所示"素材—吹泡泡"图片到如图 4-33 所示模糊后效果。

"模糊"工具操作时，鼠标在一个地方停留时间越久，这个地方被模糊的程度就越大。

2）"锐化"工具

"锐化"工具 的作用与"模糊"工具相反，它是将画面中模糊的部分变得清晰，从而强化色彩的边缘，如图 4-34 所示模糊的图片至如图 4-35 所示锐化后效果。但过度使用会造成色斑的产生，为此在使用过程中应选择较小的强度并小心使用。

"锐化"工具和"模糊"工具的不同之处还有：在一个地方停留的时间久并不会加大锐化程度。不过，在一次绘制中反复经过同一区域则会加大锐化效果。

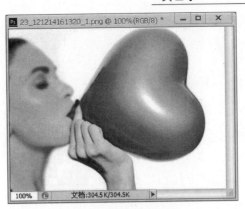

图 4-32 "素材—吹泡泡"图片 　　　　　　　图 4-33 模糊后效果

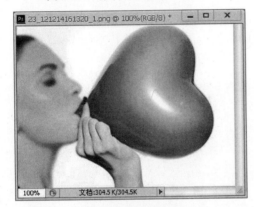 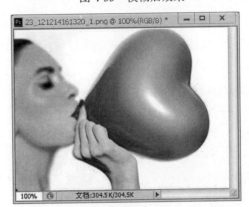

图 4-34 模糊的图片 　　　　　　　　　　图 4-35 锐化后效果

注意："锐化"工具的"将模糊部分变得清晰"，这里的清晰是相对的，它并不能使拍摄模糊的照片变得清晰。

3）"涂抹"工具

"涂抹"工具![图标]的效果就好像在一幅未干的油画上用手指划拉，如图 4-36 所示"素材—海景"图片至如图 4-37 所示涂抹后效果。涂抹绘画的颜色是前景色。

图 4-36 "素材—海景"图片 　　　　　　　图 4-37 涂抹后效果

4）"减淡"工具

"减淡"工具![图标]的作用是局部加亮图像。选项有"高光"、"中间调"或"阴影"范围加亮。如图 4-38 所示"素材—海景"图片至如图 4-39 所示减淡后效果。

图 4-38 "素材—海景"图片　　　　　　　　图 4-39　减淡后效果

5）"加深"工具

"加深"工具![icon]的效果与"减淡"工具相反，是将图像局部变暗，也可选择针对"高光"、"中间调"或"阴影"范围。如图 4-40 所示"素材—海景"图片至如图 4-41 所示加深后效果。

图 4-40 "素材—海景"图片　　　　　　　图 4-41　加深后效果

6）"海绵"工具

"海绵"工具![icon]可选择减少饱和度或增加饱和度来改变局部的色彩饱和度。如图 4-42 所示"素材—海景"图片至如图 4-43 所示"海绵"工具使用后效果，流量越大效果越明显。开启喷枪方式可在一处持续产生效果。

注意： "海绵"工具在灰度模式的图像中操作会产生增加或减少灰度对比度的效果。

图 4-42 "素材—海景"图片　　　　　　　图 4-43 "海绵"工具使用后效果

7）"背景橡皮擦"工具

"背景橡皮擦"工具 ![img] 可以将图层上的像素抹成透明，从而保留对象的边缘。在其选项栏中指定不同的取样和容差选项，可以控制透明度的范围和边界的锐化程度。"背景橡皮擦"工具采集画笔中心的色样，并删除在画笔内的任何位置出现的该颜色。如果将"背景橡皮擦"工具取得的前景对象粘贴到其他图像中，则看不到色晕。

在选项栏中选择"不连续"指抹除出现在画笔下面任何位置的样本颜色；"连续"指抹除包含样本颜色并且相互连接的区域；"查找边缘"指抹除包含样本颜色的连接区域，同时更好地保留形状边缘的锐化程度。

"容差"值的选区决定了抹除的范围，低容差仅限于抹除与样本颜色非常相似的区域，高容差抹除范围更广的颜色。

选择"保护前景色"可防止抹除与工具框中的前景色匹配的区域。

选取"取样"选项："连续" ![img] 指随着拖动连续采取色样；"一次" ![img] 指只抹除包含第一次单击的颜色的区域；"背景色板" ![img] 指只抹除包含当前背景色的区域。

4.2.2 应用模式——时尚杂志扉页设计

▶ 1. 任务效果图（见图 4-44）

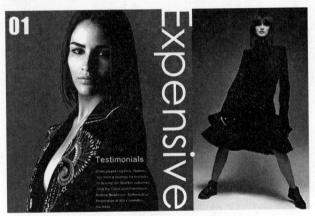

图 4-44 "时尚杂志扉页设计"效果图

▶ 2. 关键步骤

① 新建"图层 1"，使用"吸管"工具吸取"素材—杂志封面"图片红色作为前景色，按【Alt+Delete】组合键填充整个画面。打开"素材—扉页人物 1"，将图片拖至文件中成为"图层 2"。选择工具箱中"魔棒"工具 ![img]，设置容差为"30"，单击"图层 2"灰色区域，如图 4-45 所示，并按【Delete】键删除该区域。

② 选择"编辑"→"自由变换"命令，或按【Ctrl+T】组合键调整该图层的大小，选择"移动"工具将"素材—扉页人物 2"图片拖至文件中，调整大小如图 4-46 所示位置。

③ 选择"横排文字"工具，分别在画面的中间与底部输入文字："Expensive"，"Testimonials When played regularly, Numero becomes a strategy for teachers to develop the Number outcomes from the Curriculum Framework. Andrew Newhouse, Mathematical Association of WA Committee, Australia"，效果如图 4-47 所示。

图 4-45　"魔棒"工具选择人物背景　　　图 4-46　添加"扉页人物 2"后效果

图 4-47　添加文字后效果

4.3　实践模式——动漫书籍封皮设计

知识扩展

　　书籍设计是指对书籍的开本、字体、版面、插图、封面、纸张和装订等要素进行统一的编排与组织，使其体现书籍的理念、内容与风格。在书籍设计的过程中需要考虑到书籍本身形式与内容的统一、读者的范围、版式编排等。在版式设计中，应当采用方便读者的排版方式进行设计，注重整书之间结构、层次、插图等方面的关系。

　　在书籍设计中，封面设计对于书本的销售起到很大的作用，在琳琅满目的书海中，书籍封面设计的好坏在一定程度上会直接影响人们的购买欲望。

→ **相关素材**

制作要求：根据素材（素材4-1～素材4-3）制作动漫书籍的封皮。添加书脊部分，选择素材"标志"中已有的文字进行排版与颜色设置，使整个封皮效果更为和谐统一。加入作者姓名"岸本齐史"、出版社名称"少年漫画出版社"。注意右边为封面，添加素材"标志"，左边为封底，添加条形码、价格等内容。可参考如图4-48所示效果图制作。

素材4-1　标志　　　　　　素材4-2　动漫人物1　　　　　素材4-3　动漫人物2

图4-48　动漫书籍封皮设计参考效果图

4.4　知识点练习

一、填空题

1．"锐化"工具的作用是将画面中模糊的部分变得_____。

2．"海绵"工具不会造成像素的重新分布，因此其去色和加色方式可以作为互补来使用，过度去除色彩饱和度后，可以切换到加色方式增加色彩饱和度。但无法为已经完全为_____的像素增加上色彩。

3."模糊"工具的操作是类似于喷枪的可持续作用，也就是说鼠标在一个地方停留时间越久，这个地方被模糊的程度就_____。

4."锐化"工具在使用中不带有类似喷枪的_____作用性，在一个地方停留并不会加大锐化程度。不过在一次绘制中反复经过同一区域则会加大锐化效果。

5."减淡"工具早期也被称为"遮挡"工具，作用是局部_____图像。可选择为"高光"、"中间调"或"暗调"区域加亮。

6."加深"工具的效果与"减淡"工具相反，是将图像局部变暗，也可以选择针对_____、_____或"暗调"区域。

二、选择题

1. 下列关于背景层的描述中正确的是（   ）。

A. 在图层调板上背景层是不能上下移动的，只能是最下面一层

B. 背景层可以设置图层蒙版

C. 背景层不能转换为其他类型的图层

D. 背景层不可以执行滤镜效果

2. 为一个名称为"图层 2"的图层增加一个图层蒙版，通道调板中会增加一个临时的蒙版通道，名称会是（   ）。

A. 图层 2 蒙版   B. 通道蒙版

C. 图层蒙版   D. Alpha 通道

3. 如果在图层上增加一个蒙版，当要单独移动蒙版时下面操作中正确的是（   ）。

A. 首先单击图层上面的蒙版，然后选择"移动"工具就可移动了

B. 首先单击图层上面的蒙版，然后选择"选择"→"全选"命令，用"选择"工具拖拉

C. 首先要解掉图层与蒙版之间的锁，然后选择"移动"工具就可移动了

D. 首先要解掉图层与蒙版之间的锁，再选择蒙版，然后选择"移动"工具就可移动了

三、判断题

1."背景橡皮擦"工具与"橡皮擦"工具使用方法基本相似，"背景橡皮擦"工具可将颜色擦掉变成没有颜色的透明部分。   （   ）

2."模糊"工具只能使图像的一部分边缘模糊。   （   ）

3."魔术橡皮擦"工具可根据颜色近似程度来确定将图像擦成透明的程度。   （   ）

4."背景橡皮擦"工具选项栏中的"容差"选项是用来控制擦除颜色的范围的。 （   ）

5."加深"工具可以减少图像的饱和度。   （   ）

项目 5
产品包装设计

　　产品包装设计是指选用合适的包装材料，针对产品本身的特性及使用者的喜好等相关因素，运用巧妙的工艺手段为产品进行包装的美化装饰设计。

　　一个产品的包装直接影响着顾客的购买心理，优秀的包装设计是企业创造利润的重要手段之一。策略定位准确、符合消费者心理的产品包装设计，能帮助企业在众多竞争品牌中脱颖而出。包装设计包括产品内外包装设计、标签设计、运输包装，以及礼品包装设计、拎袋设计等等。优秀的包装设计能够进一步提升产品的价值。

5.1　任务 1　包装纸袋设计

5.1.1　引导模式——"米奇"手提袋设计

▶1. 任务描述

　　利用"多边形套索"工具、"变换"工具、"渐变"工具等，制作一张有米奇图案的手提袋立体效果图。

▶2. 能力目标

① 能熟练运用"多边形套索"工具进行形状的绘制；
② 能熟练运用"自由变换"工具进行纸袋各部分形状的调整；
③ 能熟练运用"渐变"工具进行纸袋明暗的绘制；
④ 能运用图层混合模式对上下图层效果进行叠加、混合。

▶3. 任务效果图（见图 5-1）

图 5-1　"米奇"手提袋设计效果图

▶4．操作步骤

❶ 打开"新建"对话框，设置宽度为"600 像素"，高度为"600 像素"，分辨率为"72 像素/英寸"，颜色模式为"RGB 颜色"，名称为"米奇手提袋"。

❷ 选择"图层"→"新建"→"图层"命令新建图层，选择工具箱中"多边形套索"工具 ，绘制如图 5-2 所示选区，选择"渐变"工具 ，设置两个色标值分别为 RGB（218，222，225）和 RGB（246，247，249），在路径中填充该渐变色，效果如图 5-3 所示。

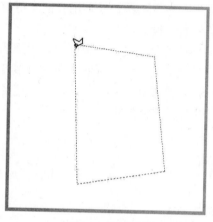

图 5-2　绘制形状

图 5-3　填充渐变色后效果

❸ 新建图层，选择工具箱中的"多边形套索"工具 ，绘制如图 5-4 所示的纸袋左内侧形状选区，选择工具箱中"油漆桶"工具 ，填充颜色值为 RGB（148，156，158），效果如图 5-4 所示。

❹ 新建图层，选择工具箱中的"多边形套索"工具 ，绘制如图 5-5 所示的纸袋左外侧形状选区，选择工具箱中的"渐变"工具 ，设置两个色标值分别为 RGB（162，167，170）和 RGB（198，201，203），在选区中填充该渐变色，效果如图 5-5 所示。

图 5-4　左内侧形状绘制后效果

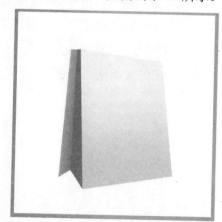

图 5-5　左外侧形状绘制后效果

❺ 新建图层，选择工具箱中的"多边形套索"工具 ，绘制如图 5-6 所示纸袋底部形状选区，选择工具箱中"渐变"工具 ，设置两个色标值分别为 RGB（214，217，220）和 RGB（188，189，192），在选区中填充该渐变色，效果如图 5-6 所示。

⑥新建图层，选择工具箱中的"钢笔"工具 ，在其选项栏中单击"路径"按钮 路径 ，并将其转换成选区，绘制如图 5-7 所示绳子的轮廓，选择工具箱中"渐变"工具，设置两个色标值分别为 RGB（63，62，64）和 RGB（146，146，146），在选区中填充该渐变色，效果如图 5-7 所示。

图 5-6　底部形状绘制后效果

图 5-7　绘制绳子后效果

⑦ 新建图层，选择工具箱中的"椭圆选框"工具 ，绘制一个椭圆，选择工具箱中的"渐变"工具，设置两个色标值分别为 RGB（176，177，176）和 RGB（255，255，255），在选项栏中选择"径向渐变"按钮 ，在椭圆路径中由中心向外拉一直线，直线长度应尽量小一些，以便椭圆边缘可渐变为白色。将该图层置于所有图层最下方，效果如图 5-8 所示，得到纸袋的投影。

⑧ 打开素材库中的"素材—米奇"图片，选择"移动"工具，将图片拖至刚建好的文件中，在图层混合模式中选择"正片叠底"。选择"编辑"→"自由变换"命令，或按【Ctrl+T】组合键开启自由变换模式，对该图层进行大小调整。按住【Ctrl】键，同时鼠标拖动角上的小方块可进行斜切，如图 5-9 所示，图片调整完毕后按【Enter】键确认。

图 5-8　添加投影后效果

图 5-9　自由变换调整

⑨ 打开素材库中的"素材—迪士尼"图片，选择"移动"工具，将图片拖至刚建好的文件中，在图层混合模式中选择"正片叠底"。选择"编辑"→"自由变换"命令，或按【Ctrl+T】组合键开启自由变换模式，对该图层进行大小调整。按住【Ctrl】键，同时鼠

标拖动角上的小方块可进行斜切，如图 5-10 所示，图片调整完毕后按【Enter】键确认。

图 5-10　添加文字图片后效果

▶5. 技巧点拨

Photoshop 提供多种"钢笔"工具。"钢笔"工具 可用于绘制具有高精度的图像，"自由钢笔"工具 可像在纸上使用铅笔绘图一样来绘制路径。可将"钢笔"工具和"形状"工具组合来创建复杂的形状。

1）用"钢笔"工具绘制线段

使用"钢笔"工具可以绘制的最简单路径是直线，选择工具箱中"钢笔"工具，在画布上单击，创建起始锚点，在画布其他地方继续单击可创建其他锚点，如图 5-11 所示，最后添加的锚点总是显示为实心方形，表示已选中状态。当添加更多的锚点时，以前定义的锚点会变成空心并被取消选择。

当要闭合路径时，请将"钢笔"工具定位在第一个锚点上，钢笔工具指针旁将出现一个小圆圈 ，单击即可闭合路径，如图 5-12 所示。

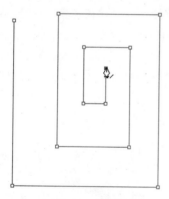

图 5-11　绘制直线

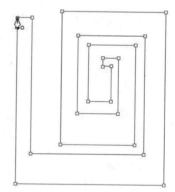

图 5-12　闭合路径

2）用"自由钢笔"工具绘图

"自由钢笔"工具可像在纸上用铅笔绘图一样随意绘图。在绘图过程中，将自动添加锚点。若要更改锚点的位置，完成路径后可进一步对其进行调整。

"自由钢笔"工具在使用时，会有一条路径尾随指针，释放鼠标，工作路径即创建完毕。如要继续创建现有手绘路径，可将钢笔指针定位在路径的一个端点，然后拖动，当完成路径时，将直线拖动到路径的初始点，当指针旁出现一个圆圈时单击即可，如图 5-13 所示。

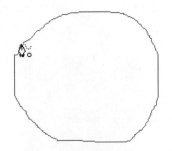

图 5-13 "自由钢笔"工具的使用

"磁性钢笔"选项是"自由钢笔"工具的选项，它可以绘制与图像中定义区域的边缘对齐的路径。在选项栏中勾选"磁性的"选项，即将"自由钢笔"工具转换成"磁性钢笔"工具，如图 5-14 所示。

图 5-14 "磁性钢笔"选项

3)"添加锚点"、"删除锚点"和"转换点"工具

使用"钢笔"工具绘制出的路径，并不一定可以达到设计上的要求。可以选择工具箱中"添加锚点"工具、"删除锚点"工具或"转换点"工具对路径进行编辑，以达到需要的效果。

5.1.2 应用模式——服装购物袋设计

▶1. 任务效果图（见图 5-15）

图 5-15 "服装购物袋设计"效果图

▶2. 关键步骤

❶ 打开素材库中的"素材—纸袋"与"素材—心"图片拖至文件中，将"素材—心"图层的混合模式设置为"深色"，调整其大小，效果如图 5-16 所示。

❷ 复制"素材—心"图层三次，选择"编辑"→"变换"→"垂直翻转"命令，并使用"移动"工具将每个复制的图层拖至如图 5-17 所示位置。

❸ 将"素材—标志"图层的混合模式设置为"深色"，画面效果如图 5-18 所示。

图 5-16 调整"素材—心"
图层大小后效果

图 5-17 复制"素材—心"
图层后效果

图 5-18 添加"标志"
后效果

5.2 任务 2 CD 封套设计

5.2.1 引导模式——音乐光盘设计

▶ 1．任务描述

利用"渐变"工具、"魔棒"工具、"收缩"工具等，制作一张内容为流行音乐 CD 的平面效果图。

▶ 2．能力目标

① 能熟练运用"渐变"工具制作光盘质感效果；
② 能熟练运用"魔棒"工具进行抠图除去人物背景；
③ 能熟练运用"收缩"工具制作同心圆；
④ 能运用"圆角矩形"工具制作背景效果。

▶ 3．任务效果图（见图 5-19）

图 5-19 "音乐光盘设计"效果图

▶▶ **4. 操作步骤**

❶ 打开"新建"对话框，设置宽度为"800 像素"，高度为"800 像素"，分辨率为"72 像素/英寸"的图像文件。

❷ 按【Ctrl+R】组合键，打开标尺。选择"视图"→"新建参考线"命令，选择"垂直"选项，在位置处选择"14"厘米。用同样的方法在 14 厘米处添加水平参考线。

❸ 新建图层为"图层 1"，选择工具箱中"椭圆选框"工具 ◯ ，按住【Shift+Alt】组合键的同时以参考线交叉点为中心向外绘制一个正圆形选区。

❹ 选择"渐变"工具 ▣ ，设置如图 5-20 所示渐变颜色，设置四个色标值从左至右分别为 RGB（252，250，209）、RGB（254，226，204）、RGB（207，185，247）和 RGB（217，250，255）。在选项栏中设置"线性渐变"，从左上至右下拉一条倾斜的线，进行渐变填充，效果如图 5-21 所示。

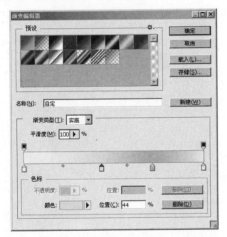

图 5-20 "渐变编辑器"设置

图 5-21 渐变填充效果

❺ 在图层控制面板中，双击"图层 1"，在"图层样式"对话框中勾选"投影"选项，设置距离为"5 像素"，大小为"20 像素"，为光盘添加投影效果。

❻ 新建图层为"图层 2"，按住【Ctrl】键，单击"图层 1"，载入"图层 1"的选区后，选择"选择"→"修改"→"收缩"命令，设置收缩量为"6 像素"。

❼ 选择"油漆桶"工具 ▧ 对选区进行填充，颜色值为 RGB（185，212，205），按【Ctrl+D】组合键取消选择。

❽ 选择"椭圆选框"工具 ◯ ，在圆形中间绘制一个较小的正圆，选择"选择"→"修改"→"边界"命令，设置宽度为"6 像素"，得到圆形的边界。按【Delete】键清除边界，露出底下填充的渐变色，如图 5-22 所示，按【Ctrl+D】组合键取消选择。

❾ 选择"椭圆选框"工具，在圆形中间绘制一个更小的正圆，分别选择"图层 1"、"图层 2"，按【Delete】键，露出底部的白色底面，如图 5-23 所示，按【Ctrl+D】组合键取消选择。

❿ 选择"椭圆选框"工具，在圆形中间绘制正圆，与前面的圆保持同心圆，选择"图层 2"，按【Delete】键清除，按【Ctrl+D】组合键取消选择，如图 5-24 所示制作好光盘的内圆。选择"视图"→"清除参考线"命令。

⓫ 打开素材库中的"素材—人物"图片，选择工具箱中"魔棒"工具 ▨ ，在其选

项栏中单击"添加到选区"按钮，将人物腋下、头发、耳环处的白色区域一起选中，按
【Ctrl+Shift+I】组合键反选后将人物图像拖至文件中。使用"自由变换"工具调整该图层
大小。

图 5-22　删除边界后效果

图 5-23　获得选区后效果

图 5-24　制作同心圆选区

⑫ 按住【Ctrl】键选择"图层 2"，将图层 2 的选区选中，得到如图 5-25 所示选区。
按【Ctrl+Shift+I】组合键反选，按【Delete】键删除人物光盘外多余部分，按【Ctrl+D】
组合键取消选择，如图 5-26 所示。

图 5-25　获得光碟选区

图 5-26　人物图片与光盘结合后效果

⑬ 为光盘添加装饰效果。选择"圆角矩形"工具 ▣ 建立一些矩形，并为部分矩形填
充不同颜色，另一部分矩形进行描边。新建"图层 4"，选择"铅笔"工具 ✎，设置主直
径为"9 像素"，绘制一些白色线条，调整图层顺序，将"图层 4"拖至"图层 3"下方。

⑭ 添加歌曲目录，选择工具箱中"横排文字"工具 T.,输入文字"01"、"02"、"03"、
"04"、"05"、"06"、"07"、"Goodbye"、"Love Letter"、"Rain"、"Walk on"、"Kiss me"、
"Yesterday"、"MV"，并适当调整文字的位置和字体大小，让各部分元素之间达到视觉效
果均衡。选择"图层4"，选择工具箱中"橡皮擦"工具 ,将光盘边缘多余的白线擦除，
效果如图 5-27 所示。

图 5-27 添加文字后效果

▶ 5. 技巧点拨

1)"魔棒"工具

"魔棒"工具可以选择颜色一致的区域。如图 5-28 所示，选择工具箱中"魔棒"工
具 ,在蓝色背景上单击，可以选择基于与单击像素相
似的，指定色彩范围或容差值的色彩范围。

注意: 不能在位图模式的图像或 32 位/通道的图像
上使用"魔棒"工具。

（1）选区选项

在选项栏中，包括"新选区"、"添加到选区"、"从
选区减去"与"选区交叉"四个选项。

（2）容差

以像素为单位输入一个值，范围介于 0 到 255 之间。
如果值较低，则会选择与所单击像素非常相似的少数几
种颜色。如果值较高，则会选择范围更广的颜色。

图 5-28 "魔棒"选区

（3）"消除锯齿"、"创建较平滑边缘选区"与"连续"选项

在图像中，单击要选择的颜色。如果"连续"选项已选中，则容差范围内的所有相
邻像素都被选中。否则，将选中容差范围内的所有像素。

（4）"对所有图层取样"选项

若选中"对所有图层取样"选项，那么"魔棒"工具将在所有可见图层中选择颜色，
否则只在当前图层中选择颜色。

（5）取样大小

取样大小代表的是工具取样的最大像素数目。默认为取样点。还可以选择 3×3 平均、

5×5 平均、11×11 平均、31×31 平均、51×51 平均、101×101 平均等。

（6）"调整边缘"选项

此处可打开"调整边缘"对话框，如图 5-29 所示。

2）羽化

"羽化"是通过建立选区和选区周围像素之间的转换边界来模糊边缘。该模糊边缘将丢失选区边缘的一些细节。可以为"选框"工具、"套索"工具、"多边形套索"工具或"磁性套索"工具定义羽化，也可向已有的选区中添加羽化。

选择"选择"→"调整边缘"命令，打开"调整边缘"对话框，如图 5-29 所示，输入"羽化"数值。如图 5-30 所示为直接剪切选区效果，如图 5-31 所示为执行羽化命令后效果。

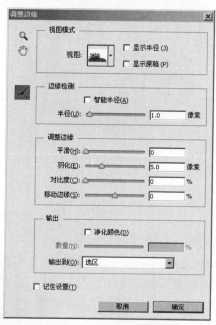

图 5-29 "调整边缘"设置

图 5-30 直接剪切选区后效果

图 5-31 羽化选区后效果

注意：如看到弹出"选中的像素不超过 50%"的信息，就要减少羽化半径或增大选区的范围。因为如果选区小而羽化半径大，则小选区可能变得非常模糊，以至于看不到并因此不可选。

5.2.2 应用模式——电脑游戏光盘设计

▶**1. 任务效果图**（见图 5-32）

图 5-32 "电脑游戏光盘"效果图

▶**2. 关键步骤**

① 制作一张光盘的底图，选择"移动"工具将"素材—黑暗神殿"图片拖进文件中，通过裁剪成为适合光盘大小的图片，在"图层样式"对话框中勾选"斜面和浮雕"选项，设置样式为"内斜面"，方法为"平滑"，深度为"100％"，方向为"上"，大小为"5"像素，软化为"0"像素，设置阴影角度为"90"度，勾选"使用全局光"选项，高度为"30"度，其余保持不变，如图 5-33 所示。

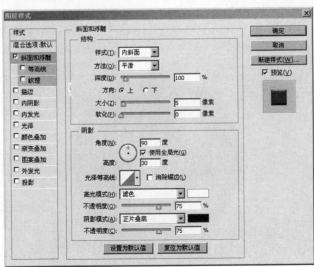

图 5-33 "斜面和浮雕"设置

❷ 新建图层，选择"横排文字"工具 T，设置字体为"Arial"，消除锯齿的方式为"犀利"，输入文字"Bllzzard Entertainment"。需要将文字沿扇形排列，单击"创建文字变形"按钮 ⚒，打开"变形文字"对话框，设置样式为"扇形"，"水平"，弯曲为"+50%"，如图5-34所示。选择"移动"工具将文字移至相应位置，设置图层不透明度为"20%"。

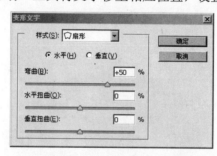

图5-34 "变形文字"设置

❸ 为光盘添加高反光。新建一个图层，选择"多边形套索"工具 ⚟ 绘制一个倾斜的长方形选区，如图5-35所示。在该选区内右击，在弹出的快捷菜单中选择"羽化"命令，打开"羽化选区"对话框，把羽化半径设置为"20像素"，如图5-36所示。选择"渐变"工具 ▣，在选项栏中选择"线性渐变"，制作如图5-37所示渐变效果。设置图层不透明度为"75%"，图层混合模式为"滤色"。

图5-35 绘制长方形选区

图5-36 "羽化选区"设置

图5-37 制作高反光后效果

5.3 任务 3 瓶子包装设计

5.3.1 引导模式——不锈钢水杯设计

▶**1. 任务描述**

利用"图层样式"、"钢笔"工具、"渐变叠加"等，制作一张素雅风格的不锈钢水杯外观设计图。

▶**2. 能力目标**

① 能熟练运用"形状"工具的图层样式进行瓶子立体感的制作；

② 能熟练运用"转换点"工具对形状进行编辑；

③ 能熟练运用"渐变"工具进行投影的绘制。

▶**3. 任务效果图**（见图5-38）

图 5-38 "不锈钢水杯"效果图

▶**4. 操作步骤**

① 新建文件，设置宽度为"600 像素"，高度为"800 像素"，分辨率为"72 像素/英寸"，颜色模式为"RGB 颜色"，名称为"不锈钢水杯"。

② 在工具箱中选择"圆角矩形"工具 ▢，设置半径为"15 像素"。绘制一个长方形成为"圆角矩形 1"，选择工具箱中"转换点"工具 ▷，单击所绘长方形边缘出现可编辑点，鼠标左键按住可编辑点进行拖曳即可拉出调节杆进行弧度调整，如图 5-39 所示。调整完成后效果如图 5-40 所示。

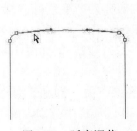

图 5-39 弧度调节

图 5-40 弧度调整后效果

❸ 对"圆角矩形 1"设置"图层样式"，勾选"渐变叠加"选项，设置角度为"180"度，如图 5-41 所示。在渐变样式中加入 6 个色标，从而使其产生较为真实的立体效果，色标值从左至右分别为 RGB（180，180，180）、RGB（120，120，120）、RGB（58，58，58）、RGB（240，240，240）、RGB（173，173，173）和 RGB（210，210，210），如图 5-42 所示，画面效果如图 5-43 所示。

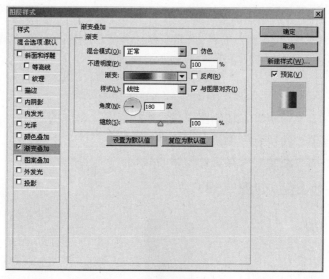

图 5-41 "渐变叠加"设置

图 5-42 "渐变编辑器"色标设置

图 5-43 渐变叠加后效果

❹ 采用同上一步骤相同的方法制作杯盖部分，渐变色标值从左至右分别为 RGB（184，184，184）、RGB（151，151，151）、RGB（125，124，124）、RGB（241，241，241）、RGB（204，203，203）和 RGB（227，227，227），如图 5-44 所示，画面效果如图 5-45 所示。

❺ 新建图层，使其处于"圆角矩形 1"图层下面，将前景色设置为"黑色"，选择"画笔"工具 ✐，设置画笔硬度为"0%"，在其选项栏中分别设置不同的透明度和流量值，绘制瓶子投影，效果如图 5-46 所示。

图 5-44 "渐变编辑器"色标设置　　　　图 5-45 瓶盖绘制后效果

❻ 打开素材库中的"素材—花纹"图片，选择"移动"工具将其拖至文件中，选择"编辑"→"自由变换"命令开启自由变换模式，调整其大小，如图 5-47 所示。按【Shift+Ctrl+U】组合键对花纹进行去色，设置图层混合模式为"正片叠底"，效果如图 5-48所示。

图 5-46 添加投影后效果　　　　　图 5-47 添加花纹后效果

❼ 选择工具箱中的"横排文字"工具 T，输入文字"Bossa Nova"，选择"编辑"→"自由变换"命令开启自由变换模式，调整其大小，并设置图层混合模式为"正片叠底"，效果如图 5-49 所示。

图 5-48 正片叠底后效果　　　　图 5-49 添加文字后效果

▶▶ **5．技巧点拨**

"渐变"工具 是两种、多种颜色之间或同一颜色的两个色调之间的逐渐混合。

渐变是通过在"渐变编辑器"中设置渐变条的一系列色标来定义的。色标是指渐变中的一个点，渐变是该点从一种颜色变为另一种颜色，色标由渐变条下的彩色方块标识。默认情况下，渐变由左右两种颜色开始，中点在 50%的位置。当对渐变进行打印或分色时，所有颜色都将转换为 CMYK 印刷色。

1）修改渐变

可通过添加颜色来创建多色渐变或通过调整色标和中点来修改渐变。选择工具箱中"渐变"工具，单击选项栏中的"点按可编辑渐变"按钮，如图 5-50 所示。在弹出"渐变编辑器"对话框的"预设"选项中可选择渐变样式或设置色标值，如图 5-51 所示。可通过单击色标来改变色标处的颜色，同时按住鼠标左键可拖移色标位置来进行颜色范围的调整。

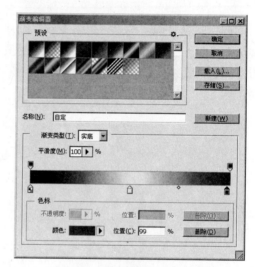

图 5-50 "点按可编辑渐变"按钮　　　　　图 5-51 "渐变编辑器"对话框

2）渐变模式

在渐变选项栏中，提供了 5 种渐变模式，如图 5-52 所示。"线型渐变"、"径向渐变"、"角度渐变"、"对称渐变"和"菱形渐变"效果分别如图 5-53、图 5-54、图 5-55、图 5-56 和图 5-57 所示。

图 5-52　渐变模式

图 5-53　线型渐变　　　图 5-54　径向渐变　　　图 5-55　角度渐变

图 5-56　对称渐变

图 5-57　菱形渐变

5.3.2　应用模式——饮料瓶包装设计

▶**1. 任务效果图**（见图 5-58）

图 5-58　"饮料瓶包装设计"效果图

▶**2. 关键步骤**

❶ 运用"钢笔"工具 ✐ 、"渐变"工具 ▣ 制作如图 5-59 所示饮料瓶。

❷ 选择"自定形状"工具 ✿ ，添加花纹图案，设置图层混合模式为"正片叠底"，效果如图 5-60 所示。

图 5-59　饮料瓶效果

图 5-60　添加花纹图案效果

❸ 选择"横排文字"工具 T ，添加文字并进行描边，设置图层混合模式为"正片

叠底"，效果如图 5-61 所示。

❹ 为饮料瓶添加高光部分，设置图层不透明度为"30%"，添加"素材—商标"图片，图层混合模式设置为"正片叠底"，效果如图 5-62 所示。

图 5-61　添加文字后效果　　　　　　　图 5-62　添加高光部分后效果

150

🔻 5.4　实践模式——罐子设计

➡ 知识扩展

　　色彩设计在产品包装设计中有着非常重要的作用，它能够美化产品、突出产品。在产品包装中，色彩的运用是整个设计构思的重点，通过色彩的提炼对产品内涵与风格进行总结。通常以人们的联想或对于色彩的习惯作为参考依据，使其符合相对应人群的使用心理需求。当然，产品包装的色彩还受工艺、材料、用途等方面的限制。

　　产品包装需要注意的形式美法则内容：统一与变化、对称与均衡、对比与调和、重复与呼应、节奏与韵律、安定与比例、统觉与错觉。

➡ 相关素材

　　制作要求：根据如图 5-63 所示效果图制作罐子立体效果图。注意罐子各部分的长宽比例、罐身的条纹色块大小。瓶盖为金属质感，可通过"图层样式"对话框中一些选项进行颗粒效果的制作。罐身需添加文字说明，选择合适的字体与大小。

图 5-63　参考效果图

5.5　知识点练习

一、填空题

1．使用"钢笔"工具创建直线点的方法是用＿＿＿＿＿工具直接单击。

2．用"钢笔"工具绘制一条开放路径后，开始绘制另一条不与之相连的路径时，可以按住＿＿＿＿＿键同时单击路径外任意处，结束第一条路径。

3．选中钢笔路径上选项面板的＿＿＿＿＿选项，不用选择添加或删除"锚点"工具，就可以在已有路径上添加或删除锚点。

4．在 Photoshop 中，当选择"渐变"工具时，在工具选项栏中提供了＿＿＿＿＿种渐变的方式。

二、选择题

1．下列选区创建工具可以"用于所有图层"的是（　　）。

A．"魔棒"工具　　　　B．"矩形选框"工具　　　C．"椭圆选框"工具　　　D．"套索"工具

2．要使用"钢笔"工具绘制直线型路径，以下说法正确的是（　　）。

A．用"钢笔"工具单击并按住鼠标键拖动

B．用"钢笔"工具单击并按住鼠标键拖动使之出现两个控制句柄，然后按住【Alt】键单击

C．使用"钢笔"工具在不同的位置单击即可

D．按住【Alt】键的同时用"钢笔"工具单击

3．使用"磁性套索"工具在选择的过程中，在不中断选择的情况下要将"磁性套索"工具快速变成"多边形套索"工具的方法是（　　）。

A．按住【Alt】键单击　　　　　　　　　　B．按住【Alt】键双击

C．按住【Shift】键单击　　　　　　　　　D．按住【Shift】键双击

4．如未提前设定羽化，或使用的选取方法不包括羽化功能，在选区被激活的状态下可弥补的方式是（　　）。

A．滤镜→羽化　　　　　　　　　　　　　B．【Ctrl + Alt + D】

C．滤镜→模糊→羽化　　　　　　　　　　D．选择→修改→羽化

5．如图 5-64 所示，上面部分的选区是由"魔棒"工具选择得到的，要将选区内的漏选部分快速地消除，要实现下面部分所示的效果，应使用（　　）命令。

图 5-64　选区变化

A．羽化　　　　　B．平滑　　　　　C．扩展
D．收缩　　　　　E．边界

三、判断题

1．如果使用"矩形选框"工具，可以先在其工具选项栏中设定"羽化"数值，然后在图像中拖拉创建选区。　　　　　　　　　　　　　　　　　　　　　　　（　　　）

2．如果使用"魔棒"工具，可以先在其工具选项栏中设定"羽化"数值，然后在图像中单击创建选区。　　　　　　　　　　　　　　　　　　　　　　　（　　　）

3．可以用"钢笔"工具对"自定形状"工具画出对象的形状进行修改。　　（　　　）

4．"羽化"最小值可以设定为0.1像素。　　　　　　　　　　　　　　（　　　）

5．"自定形状"工具画出的对象是矢量的。　　　　　　　　　　　　　（　　　）

界面设计篇

 本篇学习要点

➢ 了解网页的基本类型与设计流程。

➢ 掌握网页 Logo、Banner、导航、内容区域的基本设计方法。

➢ 掌握相关制作工具的使用技巧与知识点。

➢ 能应用 Photoshop 工具进行各种主流类型网页的设计。

项 目 *6*

网站页面设计

网页主要框架内容可以分为以下几个部分：

① 网站 Logo；

② 标题栏、导航栏（如主页、个人信息、动态、联系等）；

③ 页面（图片、文字等），页面的主题架构大体有左中右，上下，或者四格等形式。当然，根据使用需求和设计的需求也可以有很多种别的样式。

6.1 任务 1 网站页面元素设计

6.1.1 引导模式——精美按钮设计

▶ 1. 任务描述

利用"图层样式"、"渐变叠加"工具等，制作一个网站页面的精美按钮。

▶ 2. 能力目标

① 能熟练运用"图层样式"制作各种特效效果；

② 能熟练运用"圆角矩形"工具绘制按钮；

③ 能熟练运用"图案的填充效果"命令。

▶ 3. 任务效果图（见图 6-1）

图 6-1 "精美按钮设计"效果图

▶ 4. 操作步骤

❶ 新建文件，设置宽度为"600 像素"，高度为"600 像素"，分辨率为"72 像素/英寸"，颜色模式为"RGB 颜色"，名称为"精美按钮设计"。

❷ 选择工具箱中的"圆角矩形"工具 ▣，单击画布，出现如图 6-2 所示"创建圆角矩形"对话框，设置半径为"5 像素"，宽度为"180 像素"，高度为"60 像素"，单击

"确定"按钮，效果如图 6-3 所示。

图 6-2 "创建圆角矩形"对话框　　　　　图 6-3 圆角矩形效果图

③ 双击图层控制面板中的"圆角矩形 1"图层，打开"图层样式"对话框，勾选"渐变叠加"选项，如图 6-4 所示。设置渐变颜色值，左侧的色标颜色值为 RGB（239，123，27），中间的色标颜色值为 RGB（255，204，0），右边的色标颜色值为 RGB（230，222，0），如图 6-5 所示。

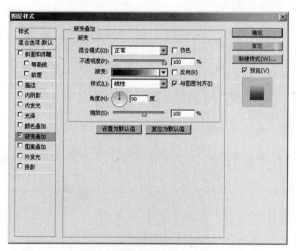

图 6-4 "渐变叠加"设置

图 6-5 "渐变编辑器"颜色设置

④ 勾选"描边"选项,大小设置为"1"像素,位置为"内部",混合模式为"正常",颜色值为 RGB(240,156,24),如图 6-6 所示,总体绘制效果如图 6-7 所示。

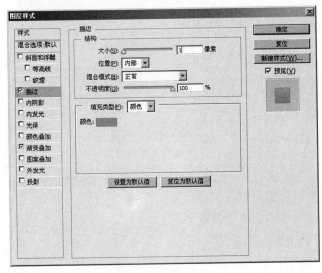

图 6-6 "描边"设置

图 6-7 描边后按钮效果图

⑤ 为给按钮添加一个斜线效果,新建一个文档,设置宽度为"4 像素",高度为"4 像素",名称为"斜线效果"。

⑥ 将新建的"斜线效果"文档放大,或按【Ctrl++】组合键,将它放大到"1600%"。新建一个图层,得到"图层 1",双击"背景"图层,单击"确定"按钮,再删除"背景"图层,只留下"图层 1",如图 6-8 所示,图层为透明状态。

图 6-8 "图层 1"透明状态

⑦ 选择工具箱中的"铅笔"工具 ✎,设置笔尖的大小为"1"像素,硬度为"100%",前景色设置为白色,如图 6-9 所示画一条对角线。选择 "编辑"→"定义图案"命令,弹出如图 6-10 所示的"图案名称"对话框,命名为"斜线效果"。

图 6-9 对角线效果图

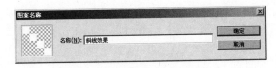

图 6-10 "图案名称"对话框

⑧ 回到制作按钮的文件,按住【Ctrl】键不放,单击"圆角矩形 1"图层,得到按钮选区,选中的按钮效果如图 6-11 所示。

⑨ 新建一个图层,选择"编辑"→"填充"命令,在对话框中的"图案"下拉列表中选择"自定图案",从中选择之前储存的"斜线效果"图案,如图 6-12 所示。

图 6-11　得到按钮选区

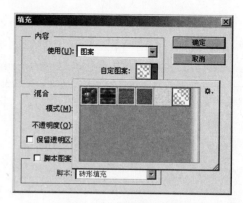

图 6-12　斜线效果填充

⑩ 选择"选择"→"修改"→"收缩"命令，设置收缩量为"2"。同时按【Ctrl +Shift+ I】组合键，把选区进行反选，再按【Delete】键进行删除，按【Ctrl+D】组合键取消选区，更改图层混合模式为"柔光"，不透明度为"40%"，如图 6-13 所示。

⑪ 选择"横排文字"工具 T，输入英文"Shopping"，设置字体为"Arial Black"，大小为"24 点"，颜色为白色。

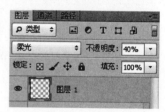

图 6-13　控制面板参数更改

双击"Shopping"文字图层，打开"图层样式"对话框，勾选"投影"选项，设置颜色为 RGB（187，93，0），大小为"2"像素，距离为"1"像素，混合模式为"正片叠底"，如图 6-14 所示，按钮效果如图 6-15 所示。

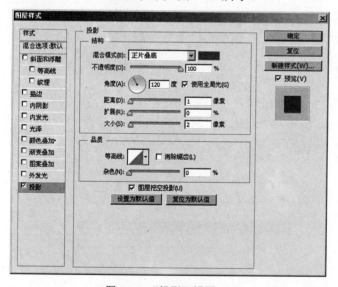

图 6-14　"投影"设置

图 6-15　按钮添加文字后效果

⑫ 选择"自定形状"工具 ，在其选项栏中选择形状，如图 6-16 所示，并将箭头形状导入，从导入的箭头中选择"箭头 2"，拉出一个箭头，设置高度为"18 像素"，宽度为"18 像素"，颜色为 RGB（255，255，255），效果如图 6-17 所示。选择"Shopping"文字图层右击，在弹出的快捷菜单中选择"拷贝图层样式"命令，选择"形状 1"图层右击，在弹出的快捷菜单中选择"粘贴图层样式"命令。

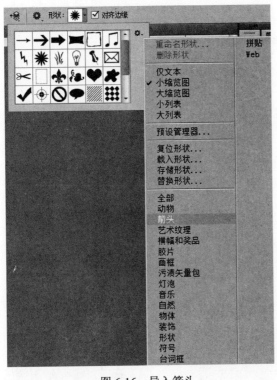

图 6-16　导入箭头

图 6-17　添加箭头后效果

⑬ 在图层控制面板上按下"创建新组"按钮　，把除"背景图层"外的其他图层拖至"组 1"中，如图 6-18 所示。把"组 1"拖至"创建新图层"按钮　上，复制出"组 1 副本"，在画布上将其下移，位置如图 6-19 所示。

图 6-18　创建"组 1"

图 6-19　复制按钮后效果

⑭ 选择"组 1 副本"中的"圆角矩形 1"图层，双击打开"图层样式"对话框，在"渐变叠加"中勾选"反向"选项，如图 6-20 所示。按钮最终效果如图 6-21 所示，此为按钮"选中"和"未选中"两个状态。

▶ 5．技巧点拨

1）上下文提示

在绘制图形、调整选区、修改路径等矢量对象，以及调整画笔的大小、硬度、不透明度时，将显示相应的提示信息，如图 6-22 所示。

2）图层组

旧版本 Photoshop 中的图层组只能设置混合模式和不透明度，而新版本 Photoshop 中的图层组则可以像普通图层一样设置图层样式、填充、不透明度及其他高级混合选项，如图 6-23 所示。

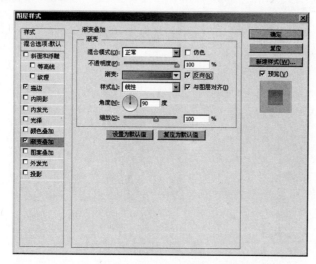

图 6-20 "渐变叠加"设置

图 6-21 按钮最终效果图

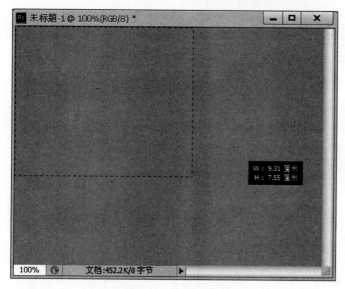

图 6-22 上下文提示

图 6-23 图层组图层样式添加

6.1.2 应用模式——导航栏设计

▶ 1. 任务效果图（见图 6-24）

图 6-24 "导航栏设计"效果图

▶ 2. 关键步骤

❶ 新建一个透明背景文件，命名为"导航栏设计"，选择工具箱中的"圆角矩形"工具 ▣，在其选项栏中设置宽度为"600 像素"，高度为"40 像素"，在画布上画出一长条圆角矩形成为导航栏，如图 6-25 所示。

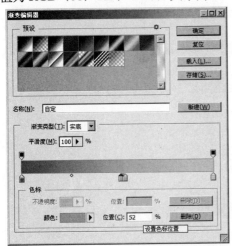（图 6-25 绘制圆角矩形的图示顶部有圆角矩形，右侧）

图 6-25　绘制圆角矩形

❷ 双击"圆角矩形 1"图层，打开"图层样式"对话框，勾选"内发光"选项，设置不透明度为"75%"，大小为"3"像素，混合模式为"滤色"。勾选"渐变叠加"选项，设置从左到右的色标颜色值分别为 RGB（57，175，143）、RGB（123，217，183）、RGB（138，229，196）、RGB（158，249，207），如图 6-26 所示。勾选"描边"选项，设置色标颜色值为 RGB（68，153，140），大小为"1"像素，位置为"外部"，效果如图 6-27 所示。

图 6-26　"渐变编辑器"设置 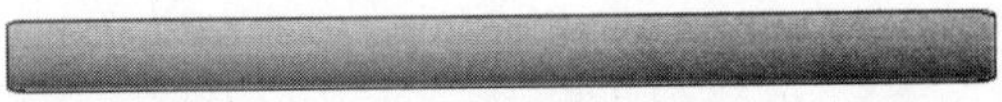　　　　　图 6-27　导航栏效果图

❸ 设置字体为"Arial"，常规模式为"Regular"，大小为"18 点"，输入文字"Home"，"Downloads"，"Contact Us"，"Members"，颜色设置为 RGB（87，114，110），效果如图 6-28 所示。

图 6-28　添加文字后效果

❹ 双击"文字"图层，打开"图层样式"对话框，勾选"描边"选项，设置颜色值为 RGB（211，244，233），大小为"1"像素，位置为"外部"，效果如图 6-29 所示。

图 6-29　添加描边后效果

❺ 选择"铅笔"工具 🖊️，绘制 3 条分割竖线，选择"橡皮擦"工具 🧽，将透明度设置为"20%"，将白线两端反复擦除，从而产生渐变效果如图 6-30 所示。

图 6-30　绘制分割线后的导航栏效果

❻ 选择工具箱中的"圆角矩形"工具 🔲，绘制一个搜索框，双击"圆角矩形 2"图层，在弹出的"图层样式"对话框中，勾选"内阴影"选项，设置不透明度为"75%"，混合模式为"正片叠底"，距离为"1"像素，大小为"2"像素，如图 6-31 所示。

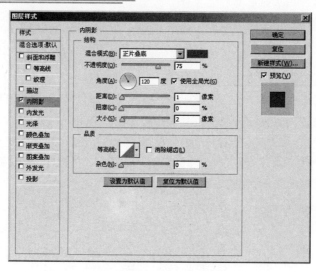

图 6-31 "内阴影"设置

6.2 任务 2 个人网站页面设计

6.2.1 引导模式——明星个人网页框架设计

▶ 1. 任务描述

设计制作一个上下型个人网站首页，Logo、Banner 及相关文字内容需要做到风格统一、颜色协调。

▶ 2. 能力目标

① 能熟练运用"标尺"与"参考线"的辅助，精确绘制导航条及文字内容框；
② 能熟练运用"图片导入"工具导入外部素材；
③ 能熟练运用"混合模式"设置各种图层效果，以制作风格不同的字体、图片效果。

▶ 3. 任务效果图（见图 6-32）

图 6-32 "明星个人网页框架设计"效果图

4. 操作步骤

1 新建文件，设置宽度为"800 像素"，高度为"600 像素"，分辨率为"150 像素/英寸"，颜色模式为"RGB 颜色"，名称为"明星个人网页框架"。

2 打开素材库中的"素材—底图"图片，选择"图像"→"图像大小"命令或按【Alt+Ctrl+I】组合键，打开"图像大小"对话框，修改图像大小。将"约束比例"复选框中的钩去掉，设置宽度为"800 像素"，高度为"600 像素"，如图 6-33 所示。然后，使用"移动"工具将图片拖动至新建文件中，调整大小和位置，使其覆盖整个画布。

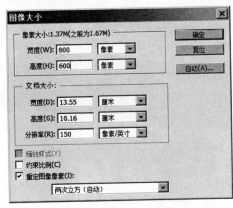

图 6-33　调整"图像大小"

3 选择"图像"→"调整"→"色相/饱和度"命令，或按【Ctrl+U】组合键，打开"色相/饱和度"对话框，设置色相为"17"，饱和度为"25"，明度为"−87"。

4 选择"视图"→"显示"→"网格"命令以显示网格，选择"视图"→"标尺"命令，以选择显示标尺。

5 在上部及左边标尺处按住鼠标左键并拖动，可拖出多根垂直或水平的"参考线"，用来确定网页导航栏和内容栏的位置。选择工具箱中"圆角矩形"工具（■），设置半径为"5 像素"，设置前景色值为 RGB（178，152，173），在画布中间处绘制四个大小相同的圆角矩形作为导航栏。

注意：为了保证导航栏按钮大小一致，可以采用复制图层的方法，将一个绘制好的按钮复制出来，然后拖动到其他位置。为了美观起见，可以对导航条的颜色设置从左至右亮度稍微递增。

6 在导航栏下部使用"圆角矩形"工具（■）绘制一个大矩形作为内容栏，设置颜色值 RGB 为（255，255，255）。效果如图 6-34 所示。

7 按住工具箱中"圆角矩形"工具（■）按键，在扩展选项中选择"多边形"工具（■），设置边数为"3"。按住【Ctrl】键绘制四个小三角形，使其呈倒三角状，选择"移动"工具（▶✛）将其拖至每个导航栏下部左侧。选择工具箱中"吸管"工具（✎），用吸管拾取导航栏相应按钮上的颜色。效果如图 6-35 所示。

8 打开素材库中的"素材—头像"图片，选择工具箱中"移动"工具将图片拖至新建文件中。按【Ctrl+T】组合键开启自由变换模式，按住【Shift】键同时按住鼠标左键调节图片大小，按【Enter】键确认。将图片拖至内容栏的左部，效果如图 6-36 所示。

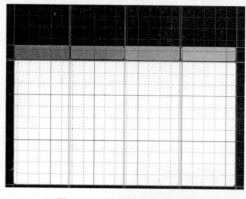

图 6-34　制作导航栏和内容栏

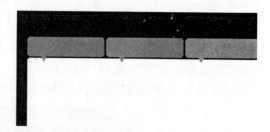

图 6-35　多边形工具绘制三角形

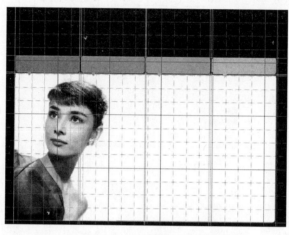

图 6-36　放置图片后效果

⑨ 选择工具箱中的"横排文字"工具 T ，设置字体颜色为白色，字体为"BankGothic Md BT"，大小为"12 点"，"浑厚"，在导航栏各个按钮中分别输入文字"MAIN"，"NEWS"，"PHOTO"，"CONTACT"，位置如图 6-37 所示。

⑩ 新建一个图层，选择工具箱中的"横排文字"工具 T ，设置字体为"AlexeiCopperplateITC Nomal"，设置字体颜色为白色，大小为"18 点"，在导航栏按钮右侧分别输入数字"01"，"02"，"03"，"04"，设置不透明度为"20%"，效果如图 6-37 所示。

图 6-37　制作导航栏

⑪ 按以下设置充实内容栏部分。

段落一：设置字体为"Arial"，常规模式"Regular"，大小为"6 点"，颜色值为 RGB（118，64，108），"浑厚"，行距为"8 点"。输入以下文字，位置如图 6-38 所示。

STYLE ICON'S WARDROBE FOR SALE

KERRY TAYLOR AUCTIONS TO SELL AN HISTORIC COLLECTION OF AUDREY HEPBURN COUTURE AND ACCESSORIES

段落二：设置字体为"Arial"，常规模式"Regular"，大小为"8 点"，颜色值为 RGB

（146，102，137），"浑厚"。输入以下文字，位置如图 6-38 所示。

The Real Audrey

设置字体为"Arial"，常规模式"Regular"，大小为"6 点"，颜色值为 RGB（178，152，173），"浑厚"，行距为"8 点"。输入以下文字，位置如图 6-38 所示。

"My career is a complete mystery to me. It's been a total surprise since the first day. I never thought I was going to be an actress; I never thought I was going to be in movies. I never thought it would all happen the way it did."

The real Audrey Hepburn story begins with a little girl who experienced the cruelty and consequences of World War II and who never forgot what liberation felt like or the images of aid arriving to her and thousands like her in Holland.

⑫ 分别打开素材库中的"素材—生活照 1"图片，"素材—生活照 2"图片，"素材—生活照 3"图片，将图片拖至新建文件中，按【Ctrl+T】组合键调整图片大小如图 6-38 所示。

图 6-38　文字段落，图片设置

⑬ 分别对三张图片进行描边处理，选择"图层"→"图层样式"→"描边"命令，打开"图层样式"对话框，设置大小为"2"像素，颜色值为 RGB（178，152，173），如图 6-39 所示。

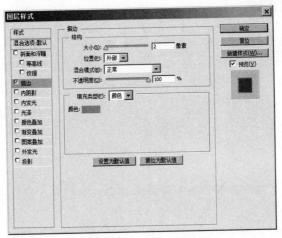

图 6-39　"描边"设置

⑭ 选择"图像"→"调整"→"色相/饱和度"命令或按【Ctrl+U】组合键，打开"色相/饱和度"对话框，对此三张图片进行色相和饱和度调整，使其与整个网站色调更加和谐。

⑮ 在三张图片上部输入文字"PHOTO GALLERY"，设置字体为"Arial"，常规模式"Regular"，大小为"8点"，颜色值为RGB（178，152，173），"浑厚"。

⑯ 选择工具箱中"横排文字"工具 T，设置字体颜色为RGB（204，204，204），字体为"Arial"，大小为"4点"，"浑厚"，输入文字"All Photographs: Copyright © Sean Ferrer and Luca Dotti unless otherwise indicated"。

注意：在网页的下方一般都要有备案号，版权保护，最佳浏览分辨率，所有人公司等信息。

⑰ 打开素材库中的"素材—签名"图片，将图片拖动至新建文件中。调整位置到页面的左上部。选择"图像"→"调整"→"反相"命令，将图片颜色反相。选择"图像"→"调整"→"色相/饱和度"命令，打开"色相/饱和度"对话框，调整图片的色相和饱和度，使其与导航栏的颜色相似，效果如图6-40所示。

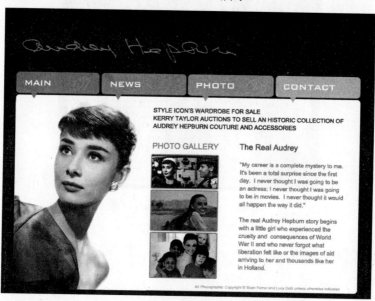

图6-40 "素材—签名"的调整

▶ 5. 技巧点拨

1）素材导入

在制作网页的过程中，经常需要导入外部素材。导入图片的方法有很多种，可以通过以下任意一种方式来导入图片到当前文件。

（1）选择"文件"→"置入"命令选择需要导入的图片，即可将选中图片导入到当前文件的画布中。

（2）选择"文件"→"打开"命令打开需要导入的图片，然后选择工具箱中"移动"工具点选图片后拖动到当前文件的画布中。

以上两种导入方法的最主要区别是：使用置入方法置入的图片，无法对其进行菜单"图像"→"调整"命令下的操作，如色相、饱和度、明度等，而使用第二种方法导入的图片可以对其进行色相、饱和度等图像的后期处理。

2）设置输出

输出设置是控制如何设置 HTML 文件的格式、如何命名文件和切片，以及在存储优化图像时如何处理背景图像。

（1）选择"文件"→"存储为 Web 所用格式"命令，在弹出的对话框中单击"存储"按钮，打开"将优化结果存储为"对话框，选择"设置"下拉列表中的"其他"选项，打开"输出设置"对话框，如图 6-41 所示，设置输出 HTML。

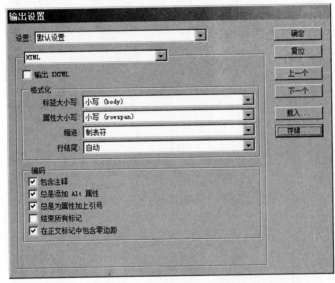

图 6-41 "输出设置"对话框

（2）"设置"下拉菜单中有四个选项，HTML、切片、背景、存储文件，可在此选择其中某一选项。

（3）也可以单击对话框中的"下一个"按钮显示菜单列表中的下一组选项，单击"上一个"按钮显示上一组。

（4）要存储输出设置，可以单击对话框中"存储"按钮。输入文件名，选择存储文件的位置，然后单击"保存"按钮。

（5）如要载入输出设置，请单击对话框中的"载入"按钮，选择一个文件，然后单击"打开"按钮。

3）在图像中包括标题和版权信息

通过在"文件简介"对话框中输入信息，可以将标题和版权信息添加到 Web 页。当使用 HTML 文件导出图像时，标题信息显示在 Web 浏览器的标题栏上。版权信息不在浏览器中显示，但是它作为注释添加到 HTML 文件中，并作为元数据添加到图像文件中。

（1）选择"文件"→"文件简介"命令，打开"文件简介"对话框。

（2）在"说明"部分的"文档标题"文本框中输入所需的文本。

（3）在"说明"部分的"版权公告"文本框中输入所需的文本。

6.2.2 应用模式——个人网页框架设计

▶1. 任务效果图（见图6-42）

图6-42 "个人网页框架设计"效果图

▶2. 关键步骤

❶ 新建图层为"背景色"，填充为纯黑。使用"矩形"工具█自上而下分别绘制三个矩形，填充颜色分别设为RGB（0，85，116）、RGB（33，139，189）和RGB（222，222，222）。给三个图层分别取名"导航背景"、"标题背景"和"主界面背景"。效果如图6-43所示。

图6-43 "个人网页框架设计" 背景

❷ 导航部分添加"主页"、"相册"、"博客"、"留言板"等文字，设置字体为"宋体"，颜色为白色，字体大小为"24点"。标题部分为"John的网站"设置字体为"宋体"，字体大小为"48点"。为"http://www.johnwebsite.cn"设置字体为"Arial"，颜色为白色，字体大小为"18点"，效果如图6-44所示。

图 6-44　添加文字效果

❸ 使用"矩形"工具 ▣ 绘制一个填充色为 RGB（250，251，252）的矩形，用于显示博客内容。为"矩形 1"图层添加"描边"效果，设置大小为"1"像素，不透明度为"45%"，颜色设置为 RGB（131，131，131）。勾选"外发光"选项，混合模式为"正常"，不透明度为"26%"，颜色为黑色到白色的渐变 ▭，如图 6-45所示。

图 6-45　绘制博客内容

❹ 绘制一个纯白色矩形，为其添加图层样式中的"投影"样式，使用默认参数。导入素材库中的"素材—花 1.jpg"图片，进行自由变换（【Ctrl+T】组合键）和移动操作，将该图片置于刚才绘制的矩形中。使用 ⏛ 链接图层按钮将这两个图层链接在一起，完成一个带相框的照片。使用相同方法，将素材"素材—花 2.jpg"和"素材—花 3.jpg"制作成另外两个带相框的照片。制作完成后，使用自由变换工具调整这三张照片的角度和大小，并移动到相关位置，最终效果如图 6-46 所示。

图 6-46　插入图片效果

⑤ 在"博客"矩形和带相框的照片附近添加文字。输入文字"我的博客"和"我的相册"，设置字体为"Adobe 黑体 Std"，颜色值为 RGB（0，85，116），字体大小为"36点"。输入文字"My Blog"和"My Photo Gallery"，设置字体为"Arial"，颜色为"黑色"，字体大小分别为"24 点"和"36 点"，效果如图 6-47 所示。

图 6-47　文字效果

⑥ 使用"圆角矩形"工具 ▣ 绘制一个填充色 RGB（57，87，117），宽为"514 像素"，高为"210 像素"，圆角半径为"5 像素"的圆角矩形，为其添加"混合选项"中的"投影"选项，使用默认参数。绘制一个填充色 RGB（45，135，178），宽为"514 像素"，高为"36 像素"的矩形，移动矩形将圆角矩形顶部遮盖。绘制两个填充色为白色的矩形，大小分别为"120×23"像素、"486×133"像素。绘制一个填充色 RGB（151，10，10），宽为"65 像素"，高为"30 像素"的矩形。制作的消息框效果如图 6-48 所示。

⑦ 为上一步制作好的部分添加文字。输入文字"留言板"，设置字体为"Adobe 黑体 Std"，字体大小为"24 点"，颜色为白色。输入文字"Message"，设置字体为"Arial"，字体大小为"18 点"，颜色为黑色。输入文字"姓名"，设置字体为"宋体"，字体大小为"18 点"，颜色为白色。输入文字"留言"，设置字体为"宋体"，字体大小为"14 点"，颜色为白色，效果如图 6-49 所示。

图 6-48 消息框制作　　　　　图 6-49 消息框制作效果图

6.3 任务 3 商业网站页面设计

6.3.1 引导模式——礼品购物网页设计

▶ **1. 任务描述**

使用"自定形状","图层样式"等工具，设计制作一个礼品购物网页。

▶ **2. 能力目标**

① 能熟练运用"图层样式"制作各种特效效果；
② 能熟练运用"圆角矩形"工具绘制导航栏；
③ 能熟练运用"渐变"工具进行渐变效果处理；
④ 能运用对齐方式进行文本排版编辑。

▶ **3. 任务效果图**（见图 6-50）

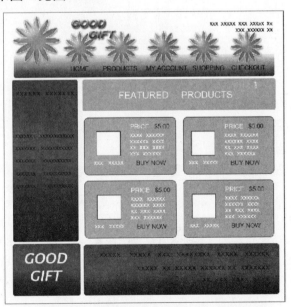

图 6-50 "礼品购物网首页设计"效果图

▶ **4. 操作步骤**

❶ 新建文件，设置宽度为"760 像素"，高度为"770 像素"，分辨率为"150 像素/英寸"，颜色模式为"RGB 颜色"，名称为"礼品购物网页"。

❷ 新建图层，命名为"网页背景"。

③ 选择工具箱中的"圆角矩形"工具 🔲，在其选项栏中设置圆角半径为"5 像素"，颜色为白色。在画布中上部绘制导航条轮廓，如图 6-51 所示。

图 6-51　绘制导航条轮廓

④ 选择"图层"→"图层样式"→"斜面和浮雕"命令，打开"图层样式"对话框。勾选"斜面和浮雕"选项，选择样式为"内斜面"，方法为"平滑"，设置深度为"51%"，大小为"5"像素，阴影角度为"120"度，高度为"70"度，高光模式颜色值为 RGB（255，255，255），阴影模式颜色值为 RGB（255，255，255），如图 6-52 所示。

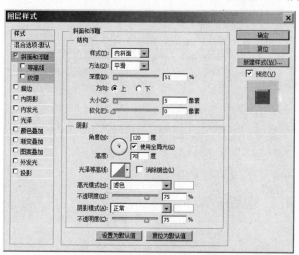

图 6-52　设置"斜面和浮雕"效果

⑤ 选择"图层"→"图层样式"→"渐变叠加"命令，在弹出的"图层样式"对话框中单击"点按可编辑渐变"按钮，如图 6-53 所示。进入"渐变编辑器"对话框，单击渐变色设置条左下方的滑块，设置左边的色标为淡灰色 RGB（103，102，100），如图 6-54 所示。设置后图像效果如图 6-55 所示。

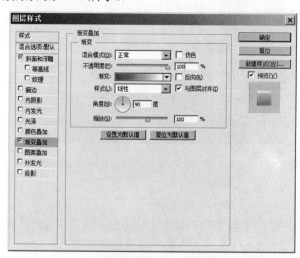

图 6-53　"渐变叠加"设置

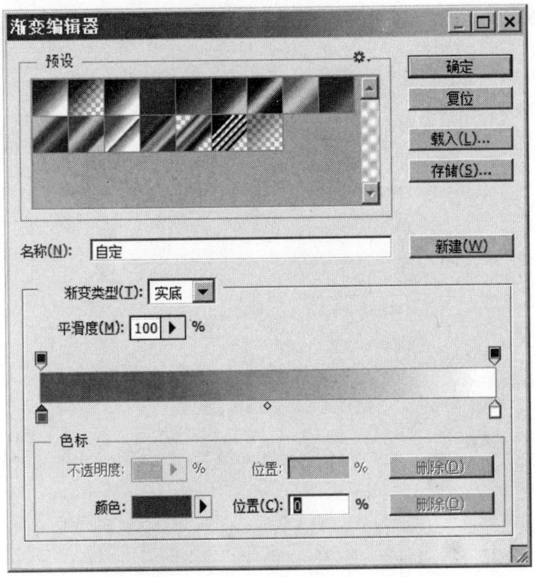

图 6-54 "渐变编辑器"设置颜色

图 6-55 导航条制作效果

⑥ 选择工具箱中的"自定形状"工具![icon]，在其选项栏中选择"形状"按钮![icon]，在其下拉列表中选择"花 5"形状，如图 6-56 所示。

⑦ 选择工具箱中的"设置前景色"工具![icon]，设置前景色为白色，按住【Shift】键可以画出正花形，将其拖至导航条的正上方，作为导航按钮指示。为活泼构图，采用大小非对称式的设计，如图 6-57 所示。

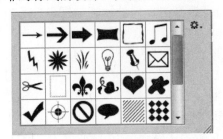

图 6-56 选择形状

图 6-57 绘制导航栏花形图标

⑧ 在图层控制面板中，按住【Ctrl】键，选择所有花形图层，单击鼠标右键，在弹出的快捷菜单中选择"合并形状"命令将其合并为一个图层。

⑨ 对合并后的花形图层设置图层样式。单击"图层"→"图层样式"→"混合选项"命令，打开"图层样式"对话框。

勾选"投影"选项，设置混合模式为"正片叠底"，不透明度为"56%"，距离为"2"像素，大小为"8"像素，取消选择"使用全局光"选项，如图 6-58 所示。

勾选"内阴影"选项，设置混合模式为"正片叠底"，颜色为绿色 RGB（0，255，0），不透明度为"57%"，勾选"使用全局光"选项，距离为"4"像素，阻塞为"26%"，大小为"9"像素。

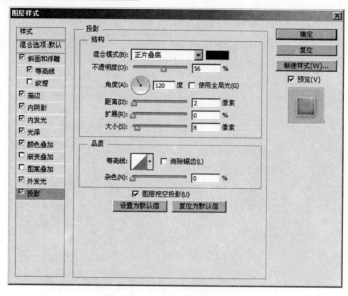

图 6-58　设置"投影"参数

勾选"外发光"选项，设置混合模式为"正常"，不透明度为"67%"，颜色为白色，大小为"5"像素，范围为"50%"。

勾选"内发光"选项，设置混合模式为"正片叠底"，不透明度为"90%"，颜色为草绿色 RGB（165，242，44），大小为"5"像素，范围为"50%"。

勾选"斜面和浮雕"选项，设置样式为"内斜面"，方法为"平滑"，大小为"17"像素，软化为"2"像素，高度为"70"度，勾选"消除锯齿"选项，高光模式为"滤色"及其颜色为淡绿色 RGB（198，247，103），不透明度为"100%"，阴影模式为"强光"及其颜色为深灰色 RGB（17，53，15），不透明度为"29%"。

勾选"等高线"选项，选择等高线"Gaussion（高斯）"，勾选"消除锯齿"选项，设置范围为"88%"。

勾选"光泽"选项，设置混合模式为"正常"，颜色为绿色 RGB（142，219，9），不透明度为"73%"，角度为"135"度，距离为"22"像素，大小为"25"像素，勾选"消除锯齿"选项，选择等高线"Cone-Inverted（锥形-反转）"。

勾选"颜色叠加"选项，设置颜色为绿色 RGB（163，237，57）。

勾选"描边"选项，设置大小为"1"像素，位置为"外部"，不透明度为"68%"，颜色为白色。

最终得到效果如图 6-59 所示。

⑩ 选择工具箱中"圆角矩形"工具，自行选择颜色，绘制左侧和下侧的内容栏，效果如图 6-60 所示。

⑪ 选择"图层"→"图层样式"→"混合选项"命令，打开"图层样式"对话框，在"混合选项：自定"中设置填充不透明度为"30%"。勾选"渐变叠加"选项，设置混合模式为"正常"，在"渐变编辑器"对话框中，设置左侧颜色值为 RGB（54，173，1）；右侧颜色值为 RGB（4，96，23）；在渐变条中间下方单击，添加一个色标，如图 6-61 所示，设置颜色值为 RGB（36，200，4），勾选"反向"选项。勾选"描边"选项，设置大小为"1"像素，颜色值为 RGB（37，173，1）。最终效果如图 6-62 所示。

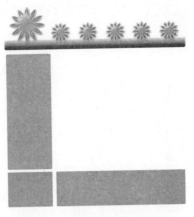

图 6-60　导航条及内容栏效果

图 6-59　导航条最终效果

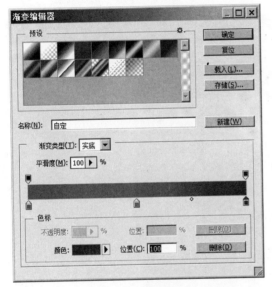

图 6-61　"渐变编辑器"设置

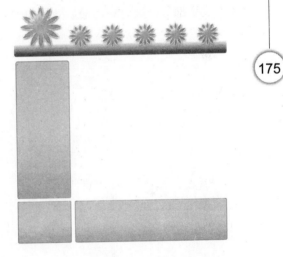

图 6-62　左侧和底部栏效果

⑫　选择工具箱中的"横排文字"工具 T ，在选项栏中设置字体为"Lucida Sans Unicode"，"Regular"，"锐利"，颜色为白色，"仿粗体"，"仿斜体"，在左下角栏框中分别输入文字"GOOD"、"GIFT"，调整字体大小。在左边栏和下边栏处输入文字代号"X"，颜色为灰色，如果有内容，那么输入文字内容将会取得更好的效果，如图 6-63 所示。

⑬　选择工具箱中的"圆角矩形"工具 ，设置半径为"10 像素"，设置前景色为 RGB（204，204，204），绘制五个圆角矩形，分别打开"图层样式"对话框，勾选"描边"选项，大小为"1"像素，设置颜色值为 RGB（12，171，0），效果如图 6-64 所示。

⑭　选择工具箱中的"横排文字"工具 T ，在选项栏中设置字体为"Arial"，"Regular"，大小为"14 点"，"锐利"，颜色为白色，在四个商品框中分别输入"PRICE"字样，在每个商品栏"PRICE"字样的旁边输入价格如："$5.00"。重新设置字体为"Arial"，"Regular"，大小为"14 点"，"锐利"，颜色为绿色 RGB（0，153，0），在每个商品栏中的下方和侧方分别输入商品介绍。修改字体大小为"18 点"，在商品栏上方输入文字"FEATURED PRODUCTS"，将颜色设为白色，在每个商品栏下方输入"BUY NOW"字样，颜色设为绿色 RGB（0，153，0）。

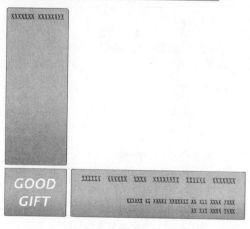

图 6-63　边栏文字效果

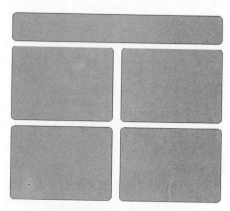

图 6-64　商品栏边框效果

最后选择横向与纵向"对齐"工具 ，将所有文字部分排版对齐，最后效果如图 6-65 所示。

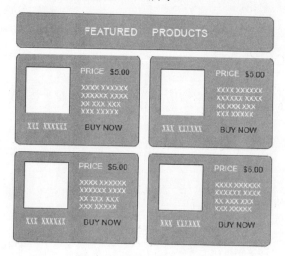

图 6-65　商品栏最终效果

⑮ 选择工具箱中的"横排文字"工具 [T]，在选项栏中设置字体为"Arial"，"Regular"，大小为"14 点"，"锐利"，颜色为灰色 RGB（51，51，51），在导航栏分别输入文字"HOME"、"PRODUCTS"、"MY ACCOUNT"、"SHOPPING"和"CHECKOUT"。

⑯ 选择工具箱中的"横排文字"工具 [T]，在选项栏中设置字体为"Scratchmyback"，"Regular"，大小为"24 点"，"锐利"，"仿粗体"，"仿斜体"。在导航条上部适当位置分别输入 Logo 标志文字"GOOD"、"GIFT"。打开"图层样式"对话框，勾选"投影"选项，设置混合模式为"正片叠底"，距离为"5"像素，大小为"5"像素，勾选"渐变叠加"选项，在"渐变编辑器"对话框中，设置左侧颜色值为 RGB（98，98，98）；其他数值均为默认值。

⑰ 选择工具箱中的"横排文字"工具 [T]，在选项栏中设置字体为"Arial"，"Regular"，大小为"12 点"，"锐利"，颜色为灰色，在页面的右上方，输入版权、公司等信息。并选择工具箱中"直线"工具 [/]，颜色为灰色，加以分割。

5. 技巧点拨

1）图层编辑与选择

在 Photoshop 中，最常使用的一个操作就是选择图层，单击图层可以选择单个图层，按住【Ctrl】键连续点击图层可以选择多个图层，按住【Shift】键单击连续图层的第一个和最后一个，可以快速选中连续的多个图层。双击图层可以进入该图层最可能被使用的属性编辑面板。单击图层，单击鼠标右键可以在弹出的快捷菜单中选择可以对此图层进行的常用操作。

2）绘制区域

可以通过以下几种方法绘制区域，并填充颜色。

（1）选择工具箱中"直线"工具、"矩形"工具和"自定形状"工具来绘制图案的轮廓。

（2）如果要绘制比较复杂的图案，则可能使用到"钢笔"工具。使用"钢笔"工具绘制图案时注意不要打开蒙版，否则将导致其无法填色。

（3）在网页设计中，最常绘制的是矩形图案，可以用"选择"工具选中任意区域，并使用"油漆桶"工具对其填色，即可完成快速绘制。

3）"自定形状"工具

选择"编辑"→"预设"→"预设管理器"命令，打开"预设管理器"对话框，在下拉菜单中找到"自定形状"。单击"载入"按钮就可以搜索到 Photoshop 自带的"Custom Shapes"文件夹，自定形状的文件格式为"*.CSH"。选择好需要载入的自定形状，单击"载入"按钮，就完成了自定形状的载入。

注意：默认情况下 Photoshop 会预先载入一些默认的形状，如果已经无法满足要求，则可去网上下载自定义形状的插件。

还有一种载入自定形状的方法是：选择工具箱中"自定形状"工具，在选项栏中选择"形状"下拉列表，选择右上角的菜单，选择"载入形状"命令。Photoshop CS6 支持矢量格式文件，在这里提供的图形可以任意放大缩小而不会变形。

6.3.2　应用模式——汽车网站页面设计

1. 任务效果图（见图 6-66）

图 6-66　"汽车网站首页设计"效果图

2. 关键步骤

① 新建图层取名"背景"，设置前景色为 RGB（18，18，18），背景色为 RGB（71，71，72），使用渐变工具 ，从上往下绘制渐变色。在顶部和底部再分别绘制两个矩形，分别添加渐变。完成后的效果如图 6-67 所示。

图 6-67　绘制的矩形

② 打开素材"企业网站—素材 1"，使用快速蒙版 ，将汽车部分全部选中。先用画笔涂抹车身部分，如图 6-68 所示，完成涂抹后，关闭蒙版，反向选择选区，获得汽车部分。将制作好的汽车复制到本设计的画面中。再导入"企业网站—素材 2"，置于汽车下层，调整两个图层位置，效果如图 6-69 所示。

图 6-68　快速蒙版选中汽车

图 6-69　位置调整后的效果图

③ 合并所有可见图层，或按【Ctrl+Shift+E】组合键，使用"矩形选框"工具 ，从顶部到底部，选取中间图像部分，复制为新图层，双击此图层，打开"图层样式"对话框，勾选"投影"选项，设置距离为"1"像素，大小为"10"像素，混合模式为"正常"，如图 6-70 所示。

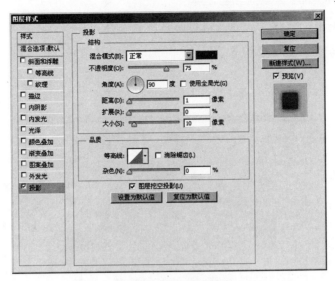

图 6-70　"投影"设置

④　添加顶部导航文字和底部文字。绘制直线，用于分割顶部导航条文字，设置颜色为 RGB（3，76，166），打开"图层样式"，勾选"投影"选项，设置大小和距离都为"1"像素、角度为"180"度。效果如图 6-71 所示。

图 6-71　添加文字和分割线后的效果

⑤　导入素材"企业网站—素材 3.gif"，使用"椭圆选框"工具，将车标部分选中，然后选择"反选"命令，删除多余部分，使用自由变换【Ctrl+T】组合键调整大小，最后移动到指定位置。完成最终效果。

6.4　任务 4　婚纱网站网页设计

6.4.1　引导模式——婚纱网站主页面设计

▶ 1．任务描述

使用"矩形"工具、"椭圆选框"工具等，制作一个婚纱网站的主页面设计图。

▶ 2．能力目标

① 能熟练运用"圆角矩形"工具，制作搜索栏；
② 能熟练运用"铅笔"工具和"橡皮擦"工具，绘制导航栏栏目装饰；

③ 能熟练运用"文字"工具，进行文本排版编辑。

▶3. 任务效果图（见图6-72）

图 6-72 "婚纱网站主页面设计"效果图

▶4. 操作步骤

❶ 新建文件，设置宽度为"980 像素"，高度为"1140 像素"，分辨率为"72 像素/英寸"，命名为"婚纱网页主页面设计"。

❷ 选择工具箱中的"油漆桶"工具，设置颜色为 RGB（215，215，215），填充背景图层。选择工具箱中的"矩形"工具绘制矩形，设置其宽度为"980 像素"，高度为"852"像素，如图 6-73 所示。

❸ 将"素材—花纹"图片拖至文件中，调整大小如图 6-74 所示。

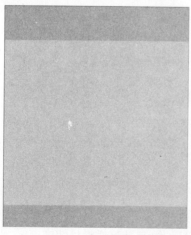

图 6-73 绘制矩形

图 6-74 花纹效果图

④ 选择"图像"→"调整"→"去色"命令，设置图层不透明度为"10%"，图层混合模式为"正片叠底"。将"图层1"拖至"矩形1"下方，如图6-75所示。

⑤ 选择工具箱中的"矩形"工具 ■，绘制矩形，设置宽度为"980像素"，高度为"24像素"，填充颜色为RGB（155，138，63），如图6-76所示。

图6-75 调整图层顺序

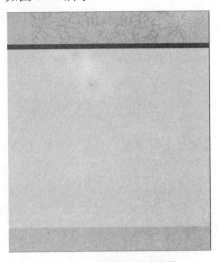

图6-76 绘制矩形后效果

⑥ 打开"素材—Logo"图片，将其拖至文件中，位置如图6-77所示。

图6-77 添加Logo后效果

⑦ 选择工具箱中的"文字"工具 T，设置颜色值为RGB（102，102，102），字体为"幼圆"，大小为"16点"。分别输入文字"品牌主页"、"婚纱系列"、"礼服系列"、"流行配饰"、"品牌介绍"、"新人寄语"、"联系我们"，移动到适当位置，注意每个栏目之间的间距要同样大小，如图6-78所示。

图6-78 输入文字后效果

⑧ 新建一个图层，选择"铅笔"工具 ✐，颜色为白色，大小为"2"像素，绘制一条直线，选择工具箱中的"橡皮擦"工具 ✐，设置不透明度设为"40%"，将白线两端擦淡，产生渐变感，效果如图6-79所示。将线条复制多个，置于每个栏目字体下方，对导航栏进行修饰。

⑨ 新建一个图层，选择工具箱中的"椭圆选框"工具 ◯，羽化值设置为"10"像素，绘制一个圆形，如图6-80所示。填充为白色，按【Ctrl+D】组合键取消选区，按【Ctrl+T】组合键进行自由变换，调整大小如图6-81所示。将"图层4"拖至"品牌主页"文字图

层下方，"图层4"为白色虚圈代表选中状态的栏目。

图 6-79 绘制的渐变线条

图 6-80 绘制圆形选区

图 6-81 调整大小

⑩ 选择工具箱中的"圆角矩形"工具 ▣，设置半径为"5"像素，宽度为"470 像素"，高度为"30 像素"，设置"描边颜色"为 RGB（155，138，63），"3 点"，填充设置为"无"。

⑪ 选择工具箱中的"圆角矩形"工具 ▣，设置半径为"5 像素"，宽度为"90 像素"，高度为"30 像素"，设置填充颜色为 RGB（155，138，63），绘制一个圆角矩形。

⑫ 在"圆角矩形2"图层右键菜单中选择"栅格化图层"命令，选择"矩形选框"工具 ▣，拉出如图 6-82 所示区域，然后按【Delete】键进行删除，按【Ctrl+D】组合键取消选区，将其拖至如图 6-83 所示位置。

图 6-82 搜索框绘制

图 6-83 搜索框绘制

⑬ 选择工具箱中"文字"工具 T，字体为"华文细黑"，大小为"16 点"，颜色为白色，输入文字"搜索"。

⑭ 选择工具箱中"矩形"工具 ▣ 绘制矩形，设置颜色为白色，宽度"809 像素"，高度"852 像素"，如图 6-84 所示。

⑮ 打开"素材—婚纱"图片，将其拖至文件中，位置如图 6-85 所示。

图 6-84 内容框绘制

图 6-85 婚纱图片的导入

⑯ 选择工具箱中的"矩形"工具 ■ 绘制矩形，设置颜色为 RGB（239，234，212），宽度为"767 像素"，高度为"55 像素"，效果如图 6-86 所示。

图 6-86　绘制的矩形

⑰ 选择工具箱中的"文字"工具 T ，设置字体为"幼圆"，大小为"18 点"，颜色为 RGB（156，139，64），输入文字"婚纱系列"，位置如图 6-87 所示。

婚纱系列

图 6-87　输入文字后的矩形

⑱ 打开"素材—婚纱 2"图片，选择"图像"→"图像大小"命令，将高度改为"254 像素"。

⑲ 选择工具箱中的"矩形选框"工具 ▣ ，样式为"固定大小"，设置宽度为"174 像素"，高度为"254 像素"，在画布中产生如图 6-88 所示选区，选择工具箱中的"移动"工具，将图片拖至文件中，效果如图 6-89 所示。

图 6-88　选取图像

图 6-89　复制后的效果

注意：可适当调整选区位置，使人物在选区的中间，复制该图层三次，摆放位置如图 6-89 所示。

⑳ 选择工具箱中的"文字"工具，输入文字"013 新款婚纱 A"，设置颜色值为 RGB（102，102，102），字体为"宋体"，大小为"12 点"，"仿粗体"；输入文字"市场价：¥5000.00"，设置颜色值为 RGB（153，153，153），字体为"宋体"，大小为"12 点"；输入文字"销售价：¥4500.00"，设置颜色值为 RGB（153，153，153），字体为"宋体"，大小为"12 点"。复制该文字图层三次，文字摆放位置如图 6-90 所示。

㉑ 选择工具箱中的"文字"工具，输入文字"关于站点|版权声明|广告合作|网站地图|联系我们|意见与建议"、"电话：（051242813921）传真：（0512-23534063）"，设置字体为"新宋体"，大小为"10 点"，颜色值为 RGB（17，17，17）。图层不透明度为

"40%"，效果如图 6-91 所示，置于版面底部中间部分。

图 6-90　文字排版效果

图 6-91　婚纱网站主页面最终效果图

▶5. 技巧点拨

1）网页切片

绘制完成的网页通常需要进行切片之后，才能应用到实际网页设计与制作中。切片使用 HTML 表或 CSS 图层将图像划分为若干较小的图像，这些图像可在 Web 页上重新组合。通过划分图像，可以指定不同的 URL 链接以创建页面导航，或使用其自身的优化设置对图像的每个部分进行优化。

切片的方法有很多种：可以使用"切片"工具直接在图像上绘制切片线条，或使用图层来设计图形，然后基于图层创建切片。最常见的是使用"切片"工具绘制切片。

（1）选择工具箱中的"切片"工具，任何现有切片都将自动出现在文档窗口中。

（2）选取选项栏中的样式设置 ✐ ▾ 样式：正常 ▾ 。

正常：在拖动时确定切片比例。

固定长宽比：设置高宽比。输入整数或小数作为长宽比。例如，若要创建一个宽度是高度两倍的切片，请输入宽度 2 和高度 1。

固定大小：指定切片的高度和宽度。输入整数像素值。

（3）在要创建切片的区域上拖动。按住【Shift】键并拖动可将切片限制为正方形。按住【Alt】键（Windows）或【Option】键（MacOS）拖动可从中心绘制。选择"视图"→"对齐"命令，可使新切片与参考线或图像中的另一切片对齐。

2）Web 图形格式

Web 图形格式可以是位图（栅格）或矢量图。位图格式（GIF、JPEG、PNG 和 WBMP）与分辨率有关，这意味着位图图像的尺寸随显示器分辨率的不同而发生变化，图像品质也可能会发生变化。矢量格式（SVG 和 SWF）与分辨率无关，可以对图像进行放大或缩小，而不会降低图像品质。矢量格式也可以包含栅格数据。可以选择"文件"→"存储为 Web 和设备所用格式"命令将图像导出为各种不同格式。

3）将 HTML 文本添加到切片

当选取"无图像"类型的切片时，可以输入要在所生成 Web 页的切片区域中显示的文本。此文本可以是纯文本或使用标准 HTML 标记设置格式的文本。

Photoshop 必须使用 Web 浏览器来预览文本。确保在不同的操作系统上使用不同的浏览器，利用不同的浏览器设置预览 HTML 文本，文本在 Web 上正确显示。

（1）选择一个切片。使用"切片选择"工具双击此切片以显示"切片选项"对话框。可以在"存储为 Web 和设备所用格式"对话框中双击该切片以设置其他格式选项。

（2）在"切片选项"对话框中，从"切片类型"下拉菜单中选择"无图像"。

（3）在文本框中输入所需的文本。

4）内容感知移动工具

"内容感知移动"工具是"内容识别"功能的一个新发展。内容感知移动工具主要用来移动图片中的景物，并随意放置到合适的位置。移动后的空隙位置，Photoshop 将会进行智能修复，非常智能化的图像处理功能。

（1）打开素材图片文件。

（2）选择工具箱中"内容感知移动"工具，如图 6-92 所示。将画面左侧的树木勾勒出来，如图 6-93 所示。

（3）若选项栏中"模式"选择为"移动"，则物体被移至画面另一边，原先背景处自动进行修复，如图 6-94 所示。

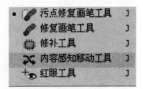

图 6-92　内容感知移动工具

图 6-93　勾勒物体

图 6-94　感知移动后效果

若选项栏中"模式"选择为"扩展"，则物体被复制到画面另一边，如图 6-95 所示。

图 6-95　感知扩展后效果

（4）在选项栏中"适应"的下拉菜单中有"非常严格"、"严格"、"中"、"松散"、"非常松散"五个选项。"非常严格"能够最大程度保持选区内的形状，但边缘较为生硬；"非常松散"能够将选区与边缘衔接更为柔和，但有可能会使选区内的形状变得不完整；预设为"中"的效果比较恰当，但也因选区大小和选区内容而异。"适应"选项菜单如图 6-96 所示。

图 6-96 "适应"选项菜单

6.4.2 应用模式——婚纱网站二级页面设计

▶1. 任务效果图（见图 6-97）

图 6-97 "婚纱网站二级页面设计"效果图

▶2. 关键步骤

❶ 选择工具箱中的"矩形"工具▣，设置颜色为 RGB（240，235，228），宽度为"790 像素"，高度为"48 像素"的矩形框，如图 6-98 所示。

图 6-98 绘制矩形框

❷ 在矩形框下面绘制一条直线，设置颜色为 RGB（192，188，137），打开"素材
—婚纱人物"图片，按【Ctrl+T】组合键调整大小，如图 6-99 所示。

❸ 选择工具箱中的"矩形"工具 🔲，制作一些装饰的色块，色块的大小不要完全
一致，否则会显得比较呆板。颜色尽量选取图片中有的色彩，且比较淡的颜色，过深的
色彩会影响页面高贵典雅的感觉，如图 6-100 所示。

图 6-99　绘制直线

图 6-100　绘制页面的装饰色块

❹ 加入相关文字，效果如图 6-101 所示。

图 6-101　添加文字效果

6.5 实践模式——BBS 页面设计

→ 知识扩展

BBS 即电子公告板，是一种电子信息服务系统。它向用户提供了一块公共电子白板，每个用户都可以在上面发布信息或提出看法。早期的 BBS 由教育机构或研究机构管理，如今多数网站上都建立了自己的 BBS 系统，供网民通过网络来结交更多的朋友，表达更多的想法。目前国内的 BBS 已经十分普遍，可以说是不计其数。

网页设计的三大要点是：交互性、整体风格和色彩搭配。BBS 是网页的一种，也需要按照这几个要点进行设计。

1）易用性和交互体验

现在用户界面（UI）的概念在网页设计中越来越被重视并引起了学术界的广泛研究。一个好的网页，不但要有吸引人的构思和色彩，更重要的是在其功能上，要使用户对网站的目的、重点及所有重要功能一目了然，并且通常情况下，在网站中加入用户交互性的互动体验往往会比单纯的静态网页更能给人留下深刻的印象。

2）确定网站的整体风格

（1）将您的标志 Logo，尽可能地放在每个页面上最突出的位置。

（2）突出您的标准色彩。

（3）总结一句能反映贵站精髓的宣传标语。

（4）相同类型的图像采用相同效果，比如说标题字都采用阴影效果，那么在网站中出现的所有标题字的阴影效果的设置应该是完全一致的。

3）网页色彩的搭配

（1）用一种色彩。这里是指先选定一种色彩，然后调整透明度或者饱和度，这样的页面看起来色彩统一，有层次感。

（2）用两种色彩。先选定一种色彩，然后选择它的对比色。

（3）用一个色系。简单的说就是用一个感觉的色彩，例如淡蓝，淡黄，淡绿；或者土黄，土灰，土蓝。

在网页配色中，还要切记一些误区：

（1）不要将所有颜色都用到，尽量控制在三至五种色彩以内；

（2）背景和前文的对比过小，无法突出主要文字内容。

除了以上网页的通用设计要点，还要注意 BBS 的特点。

（1）突出有用信息。BBS 的主要功能是用户交流，所以页面尽可能简洁、整齐，便于用户浏览。

（2）注意字体设置。BBS 页面中，文字是主要表现形式，所以要对不同位置、用途的字体设计相应的大小和色彩，这样的设计能够帮助用户更好的找到所需的内容。

→ 相关素材

制作要求：参考如图 6-102 所示效果图制作一个 BBS 论坛的主界面。注意色彩的搭配合理，结构稳重协调、比例得当、图片鲜明、导航位置易于用户操作等。为论坛设计一个主题鲜明的 Logo 图标标志，注意色彩的统一与字体的和谐。

注意：不要忘记在页面中保留版权信息、ICP 备案信息、最佳浏览分辨率等信息。

图 6-102　参考效果图

6.6　知识点练习

一、填空题

1．在_____对话框中可设定图像的高度和宽度、图像的色彩模式、图像的分辨率。

2．可以用_____工具对"自定形状"工具画出对象的形状进行修改。

3．图像分为_____和_____两种类型。

二、选择题

1．如图 6-103 所示，在将一个图层应用到新背景上时，会发现对象的周围有虚边出现。在没有合并图层前，图 A 到图 B 的变化是通过（　　）命令完成的。

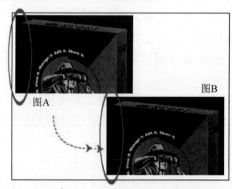

图 6-103　图层应用到背景

A. 选择→修改→收缩　　　　　　　　B. 图层→修边→去边

C. 选择→修改→边界　　　　　　　　D. 选择→修改→平滑

2. 使用"调整边缘"命令时，如果需要调整边的选区边界的大小，应该设置的参数是（　　）。

A. 平滑　　　　　　B. 半径　　　　　　C. 羽化　　　　　　D. 对比度

3. 要在不弹出对话框的情况下，创建一个新的图层，可以按哪个组合键？（　　）

A.【Ctrl+Shift+N】　　　　　　　　B.【Ctrl+Alt+N】

C.【Ctrl+Alt+Shift+N】　　　　　　D.【Ctrl+N】

4. 如下图 6-104 所示，利用"形状"工具绘制的形状图层，A、B、C、D 为四个设置选项，以下说法不正确的是（　　）。

A. 图 1 在圆形的基础上绘制瞳孔和嘴，选择了 B 选项

B. 图 2 在瞳孔外围用"椭圆"工具绘制眼睛，选择了 C 选项

C. 图 2 在瞳孔外围用"椭圆"工具绘制眼睛，选择了 D 选项

D. 图 3 在头顶用"钢笔"工具绘制饰物图形，选择了 D 选项

图 6-104　绘制形状图层

5. 在 Photoshop 中移动图层中的图像时，如果每次要移动 10 个像素的距离，应该按住（　　）键的同时连续点按键盘上的方向键。

A.【Alt】　　　　　　B.【Ctrl】　　　　　　C.【Shift】　　　　　　D.【Tab】

三、判断题

1. 在图像所有图层都显示的状态下，通过按住【Alt】键并单击该层旁的眼睛图标，则只显示当前图层。　　　　　　　　　　　　　　　　　　　　　　　　　　　　　　　　（　　）

2. 图层组中的各个图层可以分别复制到其他文件中，但图层组不能被整个复制。　（　　）

3. "自定形状"工具画出的对象会以一个新图层的形式出现。　　　　　　　　（　　）

4. 背景层是不能改变图层的不透明度的。　　　　　　　　　　　　　　　　（　　）

5. 在 Photoshop 中使用"形状"工具可以通过改变形状的节点，改变形状的外形，从而使工作更灵活。　　　　　　　　　　　　　　　　　　　　　　　　　　　　　　　　　（　　）

项目 7
产品界面设计

产品界面是产品与人们之间互动信息的媒介，既要美观又要达到便于操作的目的，还要结合图形、版面等相关设计原理，从而方便人们的使用。随着信息技术与计算机技术的发展，人们的生活越来越离不开各种产品的使用，产品界面的设计和开发成为各国企业最为活跃的研究方向。

7.1 任务 1 播放器界面设计

7.1.1 引导模式——经典型音乐播放器界面设计

▶1. 任务描述

利用"画笔"工具、"图层混合模式"等命令，制作一款简洁时尚的音乐播放器的界面。

▶2. 能力目标

① 能熟练运用"画笔"工具绘制界面；
② 能熟练运用"铅笔"工具绘制高光效果；
③ 能熟练运用"图层混合模式"制作立体效果；
④ 能运用"自定形状"工具进行按键标记的制作。

▶3. 任务效果图（见图 7-1）

图 7-1 "经典型音乐播放器界面设计"效果图

▶4. 操作步骤

❶ 新建文件，命名为"经典型音乐播放器"，设置宽度为"600 像素"，高度为"400

像素"，分辨率为"72 像素/英寸"，颜色模式为"RGB 颜色"。

（2）选择工具箱中的"渐变"工具，在选项栏中选择"径向渐变"按钮 ▣，在"渐变编辑器"对话框中设置左边色标值为 RGB（94，108，120），右边色标值为 RGB（32，40，42）。从画面中心向右上角拉一条斜线，进行渐变填充，效果如图 7-2 所示。

图 7-2　渐变后效果

（3）复制背景图层为"背景副本"。选择"滤镜"→"杂色"→"添加杂色"命令，在"添加杂色"对话框中设置数量为"5%"，分布为"平均分布"，勾选"单色"选项，如图 7-3 所示。在图层控制面板中，设置图层的不透明度为"30%"。

（4）选择工具箱中的"矩形"工具按键不放，弹出如图 7-4 所示菜单。选择"圆角矩形"工具 ▢，在选项栏中设置半径为"5 像素"，如图 7-5 所示。在画面上绘制如图 7-6 所示的矩形，成为"圆角矩形 1"图层。

（5）在图层控制面板中，鼠标右键单击该图层，在弹出的快捷菜单中选择"混合选项"命令，打开"图层样式"对话框，勾选"内阴影"选项，设置混合模式为"正常"，颜色为白色，不透明度为"37%"，距离为"0"像素，阻塞为"100%"，大小为"1"像素，如图 7-7 所示。勾选"渐变叠加"选项，设置"渐变编辑器"对话框中左、中、右三个色标值分别为 RGB（58，70，79）、RGB（26，28，30）、RGB（65，81，93）。勾选"描边"选项，设置大小为"1"像素，颜色值 RGB（25，25，25），如图 7-8 所示，效果如图 7-9 所示。

图 7-3　"添加杂色"设置

图 7-4　"圆角矩形"工具选择

半径：5像素

图 7-5　"半径"设置

图7-6　矩形绘制

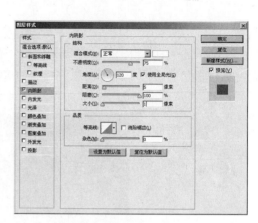

图7-7　"内阴影"设置

194

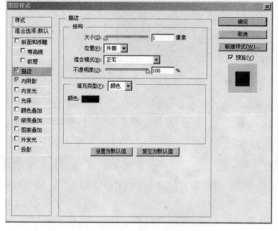

图7-8　"描边"设置

图7-9　添加图层样式后效果

⑥ 创建新图层为"图层1"，选择工具箱中的"画笔"工具按住不放，弹出如图7-10所示菜单。选择"铅笔"工具 ✐，设置颜色为白色，在矩形周围各画四条直线，选择工具箱中"橡皮擦"工具，设置主直径大一些，选项栏中不透明度设置为"80%"，擦除每条线的两头，获得柔和的过渡效果，如图7-11所示。

图7-10　"铅笔"工具选择

⑦ 创建新图层为"图层2"。按住【Ctrl】键不放，鼠标左键点击"圆角矩形1"图层缩略图获得选区，如图7-12所示。选择工具箱中"矩形选框"工具 ▯，在选项栏中设置"从选区减去"按钮 ▯，鼠标在画面上拉出一个框，保留选区左边一部分，如图7-13所示。选择工具箱中"油漆桶"工具，设置前景色为RGB（54，66，74）进行填充。按【Ctrl+D】组合键取消选择。在"图层样式"对话框中勾选"图案叠加"选项，设置混合模式为"变暗"，在图案下拉菜单中选择追加菜单，选择菜单中的"图案"，单击"追加"按钮，然后选择"鱼眼棋盘"，设置缩放为"12%"，如图7-14所示。

⑧ 创建新图层为"图层3"，选择"铅笔"工具 ✐，设置前景色为白色，在"图层2"矩形左右两侧各画两条直线，如图7-15所示。选择工具箱中"橡皮擦"工具，选项栏中不透明度设置为"80%"，擦除每条线的两头，获得柔和的过渡效果。在图层控制面板中，设置该图层不透明度为"70%"。选择"图层"→"向下合并"命令，或按【Ctrl+E】组合键，将"图层3"和"图层2"合并成一个图层"图层2"。

图 7-11 添加线条后效果

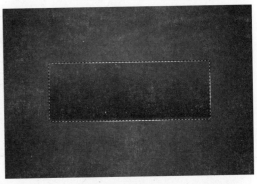

图 7-12 选区选择

图 7-13 从选区减去后效果

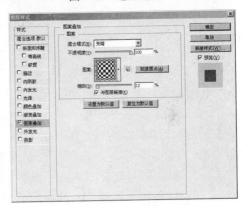

图 7-14 "图案叠加"设置

⑨ 复制当前"图层 2"成为"图层 2 副本",选择"编辑"→"变换"→"水平翻转"命令,使用"移动"工具将其拖至界面最右边,效果如图 7-16 所示。

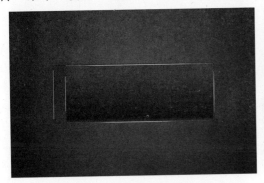

图 7-15 绘制线条后效果

图 7-16 图层复制后效果

⑩ 选择工具箱中的"圆角矩形"工具,设置半径为"2 像素",在界面右上方绘制一个小按钮,成为"圆角矩形 2",填充白色。在"图层样式"对话框中勾选"投影"选项,设置混合模式为"正常",颜色为白色,不透明度为"10%",角度为"120"度,距离为"0"像素,扩展为"100%",大小为"2"像素,如图 7-17 所示。勾选"内阴影"选项,设置混合模式为"正常",颜色为白色,不透明度为"58%",角度为"90 度",取消选择"使用全局光"选项,距离为"1"像素,阻塞为"100%",大小为"0"像素。勾选"渐变叠加"选项,设置"渐变编辑器"中左、中、右三个色标值分别为 RGB(135,153,171)、RGB(72,86,100)、RGB(135,153,171)。勾选"描边"选项,设置大小为

"1" 像素，颜色值为 RGB（56，66，81）。效果如图 7-18 所示。

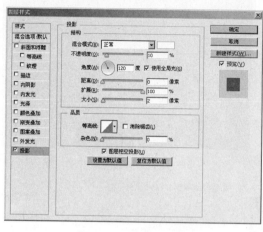

图 7-17 "投影"设置　　　　　　　　　图 7-18 添加小按钮后效果

⑪ 选择工具箱中的"横排文字"工具，输入字母"X"，设置字体为"Arial Black"，大小为"16 点"。在"图层样式"对话框中勾选"渐变叠加"选项，设置"渐变编辑器"中左边色标值为 RGB（0，0，0），右边色标值为 RGB（63，79，90）。复制该图层并拖至"X"文字图层下方，在图层控制面板中，鼠标右键单击该图层，在弹出的快捷菜单中选择"清除图层样式"命令，如图 7-19 所示。设置该图层文字颜色值为 RGB（176，187，198），使用"移动"工具进行微移，效果如图 7-20 所示。

图 7-19 "清除图层样式"命令　　　　　图 7-20 添加文字"X"后效果

⑫ 创建新图层为"图层 3"，选择工具箱中的"矩形选框"工具，绘制一个如图 7-21 所示矩形。选择工具箱中"渐变"工具，在选项栏中选择"线性渐变"，在"渐变编辑器"对话框中设置左边色标值为 RGB（48，58，68），右边色标值为 RGB（74，89，104），从上往下拉一条直线，填充渐变色。按【Ctrl+D】组合键取消选择。将"图层 3"拖至"图层 2"下面。效果如图 7-22 所示。

⑬ 创建新图层为"图层 4"，选择工具箱中的"矩形选框"工具，绘制一个如图 7-23 所示矩形，使用"油漆桶"工具填充为黑色，在图层控制面板中，设置图层不透明度为"5%"。

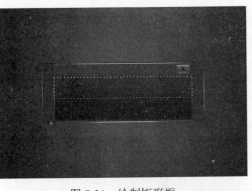

图 7-21 绘制矩形框

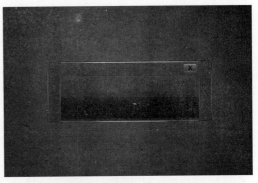

图 7-22 填充渐变后效果

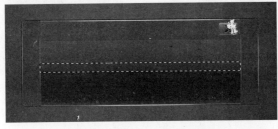

图 7-23 添加反光条效果后效果

⑭ 创建新图层为"图层 5",选择工具箱中"铅笔"工具 ✐，颜色为白色，在界面中间下面画一条直线，如图 7-24 所示。选择工具箱中"橡皮擦"工具，设置主直径大一些，在选项栏中，设置不透明度为"80%"，擦除线条两头，在图层控制面板中，设置图层不透明度为"30%"。创建新图层为"图层 6"，选择工具箱中"铅笔"工具 ✐，颜色为白色，在如图 7-25 所示中间上面位置画一条直线，在图层控制面板中设置图层不透明度为"50%"。

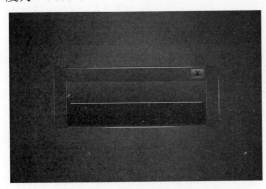

图 7-24 界面中间绘制直线

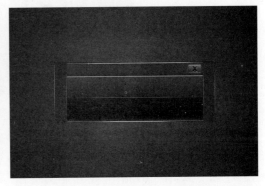

图 7-25 中部边框下方绘制直线

⑮ 选择工具箱中的"横排文字"工具，输入文字"正在播放"，设置字体为"幼圆"，大小为"16 点"，颜色值为 RGB（191，224，255）。输入文字"Fairy Tale"，设置字体为"Arial"，大小为"16 点"，颜色值为 RGB（191，224，255）。创建新图层为"图层 7"，选择工具箱中"铅笔"工具绘制两条短竖线，方法同前。在图层控制面板中，设置图层不透明度为"50%"。效果如图 7-26 所示。

⑯ 选择工具箱中的"圆角矩形"工具命令，绘制进度条，成为"圆角矩形 3"，设置颜色值为 RGB（28，30，33），位置如图 7-27 所示。复制该图层为"圆角矩形 3 副本"，

拖至"圆角矩形 3"图层下面，设置颜色值为 RGB（109，115，122），使用"移动"工具进行微移，形成立体效果，如图 7-28 所示。

图 7-26　添加文字后效果

图 7-27　绘制进度条

图 7-28　添加进度条立体效果

⑰ 选择工具箱中的"圆角矩形"工具，绘制进度条按钮，成为"圆角矩形 4"图层，设置颜色值为 RGB（116，133，149），在"图层样式"对话框中勾选"投影"选项，设置距离为"2"像素，大小为"2"像素。勾选"斜面和浮雕"选项，设置深度为"50%"。效果如图 7-29 所示。

图 7-29　添加进度条按钮后效果

⑱ 创建新图层为"图层 8"，选择工具箱中"铅笔"工具，颜色设置为白色，在界面左上角绘制 10 根垂直线，选择"矩形选框"工具，选取如图 7-30 所示选区，按【Delete】键进行删除。选择工具箱中"多边形套索"工具 ，选取如图 7-31 所示选区，按【Delete】键进行删除。在图层控制面板中，设置图层不透明度为"50%"，效果如图 7-32 所示。

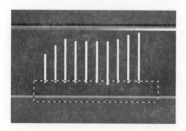

图 7-30　选区选择 1

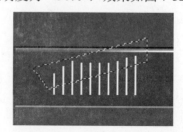

图 7-31　选区选择 2

⑲ 选择工具箱中的"椭圆"工具 ◯，绘制播放按钮，成为"椭圆1"，设置颜色值为 RGB（26，28，31），在"图层样式"对话框中勾选"投影"选项，设置混合模式为"正常"，颜色为白色，不透明度为"10%"，角度为"120"度，距离为"0"像素，扩展为"100%"，大小为"2"像素。勾选"内阴影"选项，设置混合模式为"正常"，颜色为白色，不透明度为"58%"，角度为"90"度，取消选择"使用全局光"选项，距离为"1"像素，阻塞为"100%"，大小为"0"像素，如图 7-33 所示。勾选"描边"选项，设置大小为"1"像素，颜色值为 RGB（56，66，81）。

⑳ 鼠标左键按住工具箱中的"矩形"工具不放，弹出如图 7-34 所示菜单，选择"多边形"工具 ⬡，在选项栏中，设置边数为"3"，如图 7-35 所示，绘制三角形为"多边形 1"。在"图层样式"对话框中勾选"投影"选项，设置混合模式为"正常"，颜色为白色，不透明度为"10%"，角度为"120"度，距离为"0"像素，扩展为"100%"，大小为"2"像素。勾选"内阴影"选项，设置混合模式为"正常"，颜色为白色，不透明度为"58%"，角度为"90"度，取消选择"使用全局光"选项，距离为"1"像素，阻塞为"100%"，大小为"0"像素。勾选"渐变叠加"选项，设置"渐变编辑器"对话框中左、中、右三个色标值分别为 RGB（135，153，171）、RGB（72，86，100）、RGB（135，153，171），如图 7-36 所示。勾选"描边"选项，设置大小为"1"像素，颜色值为 RGB（56，66，81）。效果如图 7-37 所示。

图 7-32 添加音量标记后效果

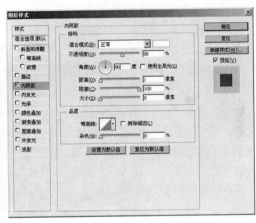

图 7-33 "内阴影"设置

图 7-34 "多边形"工具选择

图 7-35 多边形边数设置

㉑ 复制"椭圆 1"图层为"椭圆 1 副本"，选择工具箱中"矩形"工具，绘制方形为"矩形 1"图层，颜色值为 RGB（30，33，36）。在"图层样式"对话框中勾选"投影"选项，设置混合模式为"正常"，颜色为白色，不透明度为"10%"，角度为"120"度，距离为"0"像素，扩展为"100%"，大小为"2"像素。勾选"内阴影"选项，设置混合模式为"正常"，颜色为白色，不透明度为"58%"，角度为"90"度，取消选择"使用全

局光"选项，距离为"1"像素，阻塞为"100%"，大小为"0"像素。勾选"描边"选项，设置大小为"1"像素，颜色值为 RGB（56，66，81）。效果如图 7-38 所示。

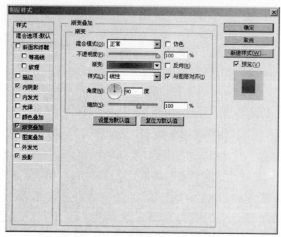

图 7-36　"渐变叠加"设置　　　　　　　　图 7-37　添加播放按键后效果

❷❷ 复制"椭圆 1"图层为"椭圆 1 副本 2"，选择"多边形"工具，绘制一个小三角形为"多边形 2"图层，颜色值为 RGB（30，33，36）。在"图层样式"对话框中勾选"投影"选项，设置混合模式为"正常"，颜色为白色，不透明度为"10%"，角度为"120"度，距离为"0"像素，扩展为"100%"，大小为"2"像素。勾选"内阴影"选项，设置混合模式为"正常"，颜色为白色，不透明度为"58%"，角度为"90"度，取消选择"使用全局光"选项，距离为"1"像素，阻塞为"100%"，大小为"0"像素。勾选"描边"选项，设置大小为"1"像素，颜色值为 RGB（56，66，81）。

❷❸ 复制"多边形 2"图层为"多边形 2 副本"图层，选择工具箱中"直线"工具，绘制一条短直线，设置同步骤 22。同时选中"多边形 2"图层与"多边形 2 副本"图层，在图层控制面板中单击鼠标右键，选择菜单中的"合并形状"命令得到"多边形 2 副本"，效果如图 7-39 所示。

❷❹ 复制"椭圆 1"图层为"椭圆 1 副本 3"，复制"多边形 2 副本"图层为"多边形 2 副本 2"，选择"编辑"→"变换"→"水平翻转"命令，效果如图 7-40 所示。画面效果如图 7-41 所示。

图 7-38　暂停按键效果　　　图 7-39　下一首按键效果　　　图 7-40　上一首按键效果

❷❺ 输入文字"02:10"，设置字体为"Arial"，大小为"16 点"，颜色值为 RGB（131，155，178），效果如图 7-42 所示。

❷❻ 选择"文件"→"存储为"命令，将图像进行保存。

图 7-41 添加按键后效果　　　　　　　　　　图 7-42 添加时间后效果

▶5. 技巧点拨

1)"铅笔"工具

创建硬边的直线,可使用"铅笔"工具。选择工具箱中"铅笔"工具 🖋 ,选取一种前景色。在如图 7-43 所示"画笔预设"菜单中选择所需画笔,设置"主直径"和"硬度"大小。在如图 7-44 所示选项栏中可设置"模式"、"不透明度"和"自动抹除"选项。单击鼠标并在画面中拖动可直接绘画;在图像中单击后按住【Shift】键可绘制直线。

(1) 模式

设置当前绘画颜色与下面图层的混合模式,与图层混合模式相似。

(2) 不透明度

设置当前绘画颜色的透明度。不透明度为 100%表示不透明。

(3) 自动抹除

若光标处于前景色,该区域将涂抹成背景色;若光标处于不含前景色的区域时,该区域被涂抹成前景色。

(4) 选择 🖻 按钮,可以打开画笔面板。🖌 、🖌 分别是对"不透明度"、"大小"使用压力,是在使用绘图板绘图的时候使用,但对手绘的数位板才有效果。

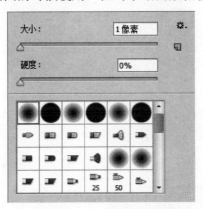

图 7-43 "画笔预设"设置

图 7-44 "铅笔"工具选项栏设置

2)"画笔"工具

创建颜色的柔和描边,可使用"画笔"工具。选择工具箱中的"画笔"工具 🖌 ,选取一种前景色。"画笔预设"菜单与"铅笔"工具相同，可设置"主直径"和"硬度"大小。在如图 7-45 所示选项栏中可设置"模式"、"不透明度"、"流量"和"喷枪功能"选项。单击鼠标并在画面中拖动可直接绘画；在图像中单击后按住【Shift】键可绘制直线；选择喷枪 按钮时，按住鼠标左键不拖动，可增大颜色量。

图 7-45 "画笔"工具选项栏设置

（1）模式

设置当前绘画颜色与下面图层的混合模式，与图层混合模式相似。

（2）不透明度

设置当前绘画颜色的透明度。不透明度为 100%表示不透明。

（3）流量

将指针移动至某个区域时，应用颜色的速率。

（4）喷枪

模拟喷枪绘画。

3）"画笔"面板

单击控制面板中的 按钮，出现画笔面板。

（1）画笔预设

选择各种不同类型的画笔，并设置"主直径"，如图 7-46 所示。

（2）画笔笔尖形状

设置画笔笔尖形状，可设置"直径"、"角度"、"圆度"、"硬度"和"间距"等参数，如图 7-47 所示。

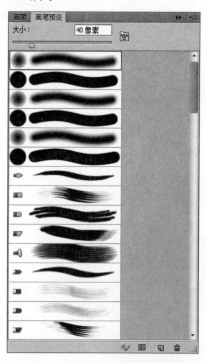

图 7-46 "画笔预设"设置

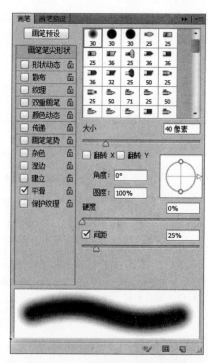

图 7-47 "画笔笔尖形状"设置

（3）形状动态

设置描边时画笔笔迹的变化，可设置"大小抖动"、"控制"、"角度抖动"、"圆度抖动"和"最小圆度"等参数，如图7-48所示。

（4）散布

设置描边时笔迹的数目和位置，可设置"两轴"、"控制"、"数量"和"数量抖动"等参数，如图7-49所示。

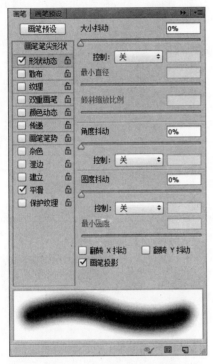

图7-48 "形状动态"设置

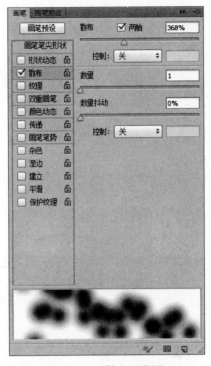

图7-49 "散布"设置

（5）纹理

用图案进行描边，可设置"缩放"、"模式"和"深度"等参数，如图7-50所示。

（6）双重画笔

使用两个笔尖来产生画笔笔触，可设置"模式"、"直径"、"间距"、"散布"和"数量"等参数，如图7-51所示。

（7）颜色动态

设置描边时油彩颜色的变化方式，可设置"前景/背景抖动"、"色相抖动"、"饱和度抖动"、"亮度抖动"和"纯度"等参数，如图7-52所示。

（8）传递

设置油彩描边时的改变方式，可设置"不透明度抖动"、"流量抖动"和"控制"参数，如图7-53所示。

（9）画笔笔势

用来设置画笔X和Y倾斜角度，旋转和压力，如图7-54所示。

（10）杂色

为某些画笔笔尖添加随机性效果。

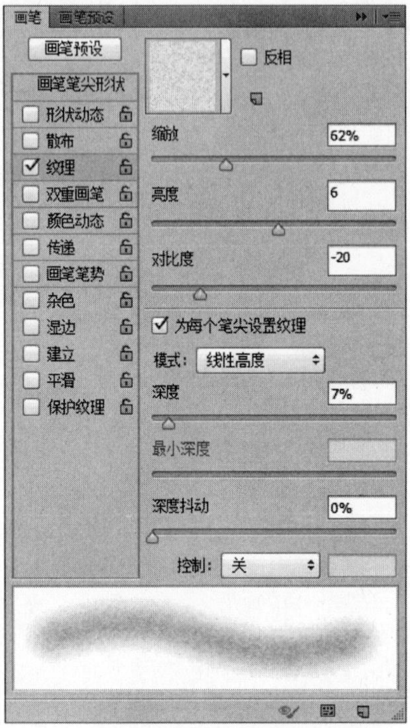

图 7-50 "纹理"设置

图 7-51 "双重画笔"设置

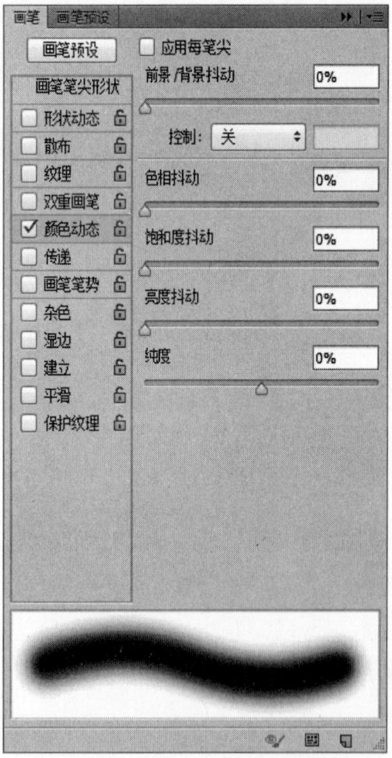

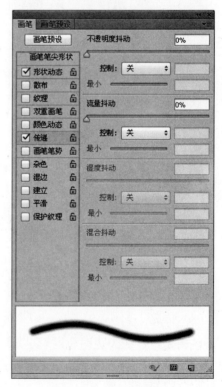

图 7-52 "颜色动态"设置

图 7-53 "传递"设置

（11）湿边

为画笔的边缘增大油彩量，获得水彩效果。

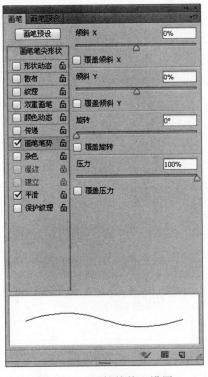

图 7-54 "画笔笔势"设置

（12）平滑

产生更平滑的曲线。

（13）保护纹理

相同图案、缩放比例设置于有纹理的所有画笔预设。

7.1.2 应用模式——简约型音乐播放器界面设计

1. 任务效果图（见图 7-55）

图 7-55 "简约型音乐播放器界面设计"效果图

2. 关键步骤

① 选择工具箱中的"圆角矩形"工具，设置圆角半径为"50 像素"，在画面中绘制一个圆角矩形，成为"圆角矩形 1"图层。

② 选择"圆角矩形 1"图层，在"图层样式"对话框中勾选"投影"选项，设置不透明度为"17%"，角度为"90"度，距离为"3"像素，扩展为"0%"，大小为"3"像素。勾选"内阴影"选项，设置不透明度为"17%"，角度为"-87"度，取消选择"使用全局光"选项，距离为"5"像素，阻塞为"16%"，大小为"6"像素。勾选"内发光"选项，设置混合模式为"正常"，不透明度为"21%"，颜色为黑色，如图 7-56 所示。勾选

"斜面和浮雕"选项，设置大小为"9"像素，软化为"6"像素，角度为"90"度，高度为"6"度，阴影模式的不透明度为"0%"，如图 7-57 所示。勾选"渐变叠加"选项，设置混合模式为"正常"，不透明度为"10%"，缩放为"34%"。画面效果如图 7-58 所示。

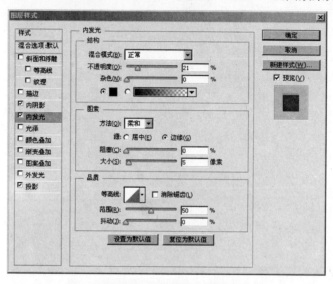

图 7-56 "内发光"设置

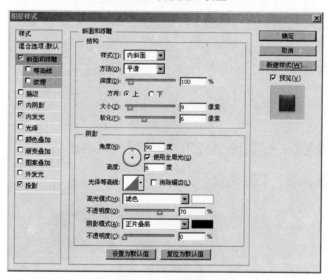

图 7-57 "斜面和浮雕"设置

图 7-58 绘制"圆角矩形 1"后效果

❸ 选择工具箱中的"圆角矩形"工具，设置前景色为白色，绘制圆角矩形为"圆角矩形 2"图层。在"图层样式"对话框中其他设置同步骤 2，"渐变叠加"中设置不透明度为"49%"，在"渐变编辑器"对话框中左边色标值为白色，右边色标值为黑色，勾选"反向"选项，缩放为"93%"。画面效果如图 7-59 所示。

图 7-59　绘制"圆角矩形 2"后效果

❹　复制"圆角矩形 2"图层成为"圆角矩形 2 副本"图层，鼠标右键单击该图层弹出快捷菜单，选择"清除图层样式"命令。设置"圆角矩形 2 副本"颜色为黑色，使用"自由变换"工具，使"圆角矩形 2 副本"略小于"圆角矩形 2"。在"图层样式"对话框中勾选"内发光"选项，设置混合模式为"正常"，不透明度为"96%"，颜色为黑色，阻塞为"20%"，大小为"3"像素，如图 7-60 所示。勾选"斜面和浮雕"选项，设置深度为"1%"，大小为"1"像素，角度为"90"度，取消选择"使用全局光"选项，高度为"80"度，高光模式不透明度为"47%"，等高线选项中，勾选"消除锯齿"选项，如图 7-61 所示。画面效果如图 7-62 所示。

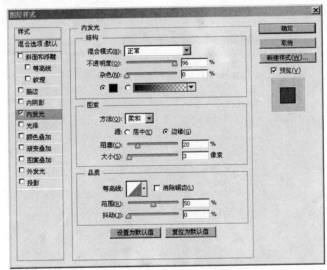

图 7-60　"内发光"设置

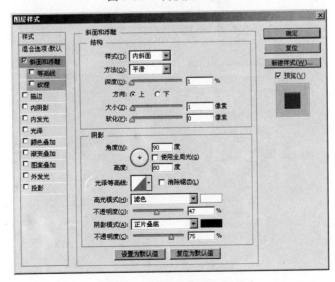

图 7-61　"斜面和浮雕"设置

图 7-62　绘制"圆角矩形 2 副本"后效果

⑤ 设置前景色为 RGB（134，183，231），选择工具箱中的"圆角矩形"工具，设置圆角半径为"3"像素，绘制新的圆角矩形，成为"圆角矩形 3"。在"图层样式"对话框中勾选"投影"选项，设置混合模式为"正常"，颜色为白色，不透明度为"30%"，角度为"-56"度，取消选择"使用全局光"选项，距离为"3"像素，大小为"1"像素，如图 7-63 所示。勾选"内发光"选项，设置混合模式为"正常"，不透明度为"41%"，颜色为黑色。勾选"斜面和浮雕"选项，设置深度为"211%"，大小为"92"像素，角度为"-90"度，取消选择"使用全局光"选项，高度为"45"度，高光模式为"颜色减淡"，颜色为白色，不透明度为"30%"，阴影模式为"颜色减淡"，颜色为黑色，不透明度为"0%"，如图 7-64 所示。勾选"描边"选项，设置大小为"1"像素，颜色为黑色。画面效果如图 7-65 所示。

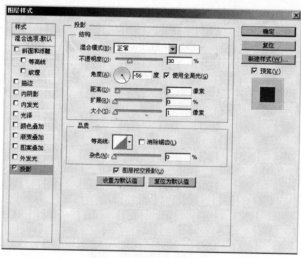

图 7-63　"投影"设置

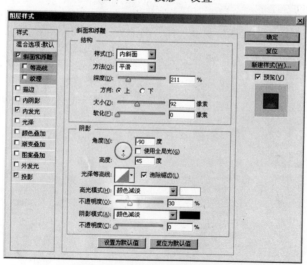

图 7-64　"斜面和浮雕"设置

图 7-65 绘制"圆角矩形 3"后效果

7.2 任务 2 手机界面设计

7.2.1 引导模式——"iPhone 3G"手机界面设计

▶**1．任务描述**

利用"调整图层"、"圆角矩形"工具、"图层样式"等，制作 iPhone 3G 手机界面。

▶**2．能力目标**

① 能熟练运用"调整图层"进行图层的调整；
② 能熟练运用"圆角矩形"工具绘制手机界面；
③ 能熟练运用"图层样式"制作手机按键；
④ 能运用"渐变叠加"进行立体效果的制作。

▶**3．任务效果图**（见图 7-66）

图 7-66 "iPhone 3G"手机界面设计效果图

▶**4．操作步骤**

❶ 新建文件，设置宽度为"350 像素"，高度为"580 像素"，分辨率为"72 像素/英寸"，颜色模式为"RGB 颜色"，名称为"iPhone 3G"。

❷ 选择工具箱中的"圆角矩形"工具 ，设置半径为"55 像素"，前景色为白色，背景色为黑色 ，绘制如图 7-67 所示形状成为"圆角矩形 1"图层。在"图层样式"对话框中勾选"渐变叠加"选项，设置样式为"径向"，角度为"94"度，缩放为"150%"，

如图 7-68 所示。画面效果如图 7-69 所示。

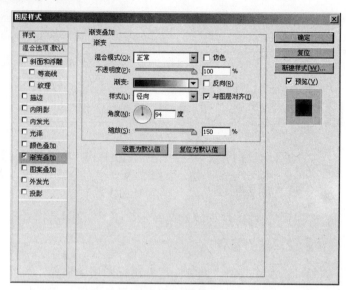

图 7-67　绘制"圆角矩形 1"　　　　　　　　　　图 7-68　"渐变叠加"设置

③ 新建图层成为"图层 1"，按住【Ctrl】键同时单击图层"圆角矩形 1"的缩略图，获得选区。选择"选择"→"修改"→"收缩"命令，打开"收缩选区"对话框，设置收缩量为"2"像素，如图 7-70 所示。选择"图层 1"，选择工具箱中"油漆桶"工具，前景色为黑色，进行填充。画面效果如图 7-71 所示。

图 7-69　渐变叠加后效果　　　　　　　　　图 7-70　"收缩选区"设置

④ 新建图层成为"图层 2"，按住【Ctrl】键同时单击图层"圆角矩形 1"的缩略图，获得选区。选择"选择"→"修改"→"收缩"命令，打开"收缩选区"对话框，设置收缩量为"4"像素。选择"图层 2"，选择工具箱中的"油漆桶"工具，前景色为黑色，进行填充，在画面中单击鼠标右键，打开快捷菜单，选择"取消选择"命令，从而取消形状选区。在"图层样式"对话框中勾选"渐变叠加"选项，设置"渐变编辑器"对话

框中左边色标值为 RGB（197，197，198），右边色标值为 RGB（209，209，209），样式为"线性"，如图 7-72 所示。画面效果如图 7-73 所示。

图 7-71　油漆桶填充后效果

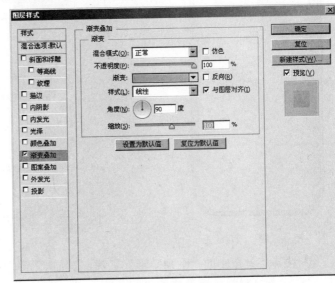

图 7-72　"渐变叠加"设置

⑤ 选择工具箱中的"圆角矩形"工具，设置半径为"55 像素"，前景色为黑色，绘制如图 7-74 所示形状成为"圆角矩形 2"图层，使用"自由变换"命令调整大小。

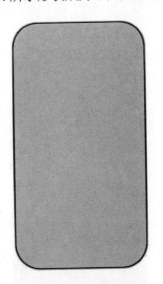

图 7-73　渐变叠加后效果

图 7-74　绘制"圆角矩形 2"

⑥ 选择工具箱中的"圆角矩形"工具，设置半径为"40 像素"，绘制如图 7-75 所示形状成为"圆角矩形 3"图层，形状略小于"圆角矩形 2"，在"图层样式"对话框中勾选"渐变叠加"选项，设置"渐变编辑器"对话框中四个色标值，从左至右分别为 RGB（136，136，136）、RGB（255，255，255）、RGB（255，255，255）、RGB（136，136，136），角度为"0"度，如图 7-76 所示。

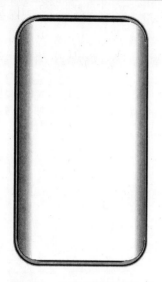

图 7-75　绘制"圆角矩形 3"

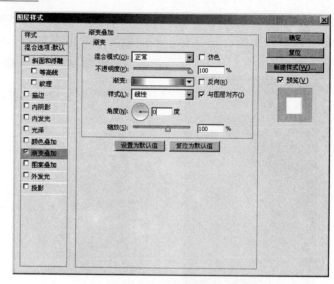

图 7-76　"渐变叠加"设置

❼　选择工具箱中的"圆角矩形"工具，设置半径为"40 像素"，前景色为白色，清除图层样式，绘制圆角矩形成为"圆角矩形 4"图层，宽度比"圆角矩形 3"略窄一些，效果如图 7-77 所示。

❽　选择工具箱中的"圆角矩形"工具，设置半径为"40 像素"，前景色为黑色，清除图层样式，绘制如图 7-78 所示形状成为"圆角矩形 5"图层，形状略小于"圆角矩形 4"。

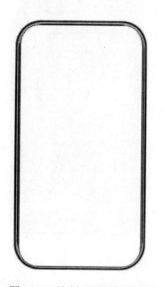

图 7-77　绘制"圆角矩形 4"

图 7-78　绘制"圆角矩形 5"

❾　选择"文件"→"打开"命令，打开素材库中的"素材—iPhone 3G"图片，选择工具箱中"移动"工具，将图片拖至新建文件中，成为"图层 3"，在图层控制面板中，设置图层不透明度为"40%"，使用"自由变换"命令调整其大小与所绘手机界面同样大小，如图 7-79 所示，再将图层不透明度调回"100%"。选择工具箱中"圆角矩形"工具，设置半径为"40 像素"，颜色为黑色，绘制如图 7-80 所示形状，成为"圆角矩形 6"图

层，将该图层拖至"圆角矩形1"图层下面，在图层控制面板中，单击"图层3"前面的"指示图层可见性"按钮👁，隐藏"图层3"，效果如图7-81所示。同样方法绘制手机左侧按钮，获得"圆角矩形7"、"圆角矩形8"、"圆角矩形8副本"，效果如图7-82所示。按钮全部添加后画面效果如图7-83所示。

图7-80 绘制"圆角矩形6"

图7-79 "图层3"不透明度设置后效果

图7-81 添加手机顶部按键后效果

图7-82 添加手机左侧按键后效果

图7-83 添加手机按键后效果

🔟 选择"文件"→"打开"命令，打开素材库中的"素材—背景"图片，选择工具箱中"移动"工具，将图片拖至刚建好的新建文件中，成为"图层4"。单击"图层3"前面的"指示图层可见性"按钮👁，显示"图层3"。选择"图层4"，在图层控制面板中，设置图层不透明度为"50%"，使用"自由变换"命令调整其大小与"图层3"手机屏幕同样大小，选择工具箱中的"矩形选框"工具，在选项栏中选择"新选区"按钮▣，选择左右两侧多余的部分，按【Delete】键进行删除，单击"图层3"前面的"指示图层可见性"按钮👁，隐藏"图层3"，效果如图7-84所示，再将图层不透明度调回"100%"。

在图层控制面板中，单击"创建新的填充或调整图层"按钮 ⊘，打开如图 7-85 所示菜单，选择"亮度/对比度"命令，设置亮度为"30"，对比度为"-30"，如图 7-86 所示。画面效果如图 7-87 所示。

图 7-84 "图层 4"修改后效果

图 7-85 "亮度/对比度"命令

图 7-86 "亮度/对比度"设置

图 7-87 添加手机屏幕后效果

⑪ 单击"图层 3"前面的"指示图层可见性"按钮 👁，显示"图层 3"，选择工具箱中"圆角矩形"工具，设置半径为"40 像素"，前景色为黑色，绘制如图 7-88 所示形状，成为"圆角矩形 9"图层。在"图层样式"对话框中勾选"斜面和浮雕"选项，设置大小为"3"像素，如图 7-89 所示。勾选"描边"选项，设置大小为"1"像素，颜色值为 RGB（102，102，102），如图 7-90 所示。隐藏"图层 3"，画面效果如图 7-91 所示。

⑫ 显示"图层 3"，选择工具箱中的"椭圆"工具，按住【Shift】键，绘制如图 7-92 所示圆形，成为"椭圆 1"图层。在图层控制面板中，设置图层不透明度为"50%"，从而可以看到"图层 3"中按键的大小，使用"自由变换"命令调整"椭圆 1"大小，使其

与"图层 3"手机按键大小一致。按住【Ctrl】键同时单击图层"椭圆 1"的缩略图，获得选区。选择工具箱中"椭圆选框"工具 ⬭，在选项栏中选择"从选区中减去"按钮 ⬚，保留如图 7-93 所示区域。新建图层成为"图层 5"，使用工具箱中"油漆桶"工具填充白色，在"图层样式"对话框中勾选"渐变叠加"选项，设置"反向"选项，如图 7-94 所示。隐藏"图层 3"，效果如图 7-95 所示。

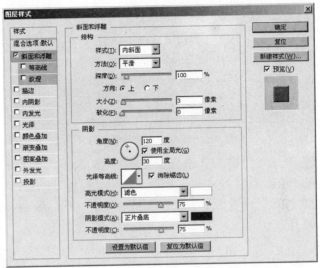

图 7-88　绘制"圆角矩形 9"　　　　图 7-89　"斜面和浮雕"设置

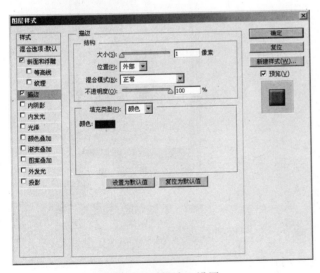

图 7-90　"描边"设置　　　　　　图 7-91　添加手机音孔后效果

图 7-92　绘制"椭圆 1"　　　　　图 7-93　修改选区

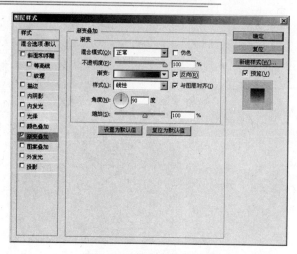

图 7-94 "渐变叠加"设置

图 7-95 渐变叠加后效果

⓭ 显示"图层 3"，选择工具箱中"圆角矩形"工具，设置半径为"3 像素"，颜色为黑色，绘制如图 7-96 所示矩形，成为"圆角矩形 10"。在"图层样式"对话框中勾选"描边"选项，设置大小为"1"像素，颜色值为 RGB（102，102，102）。画面效果如图 7-97 所示。

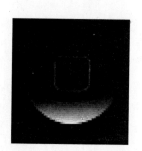

图 7-96 绘制"圆角矩形 10"

图 7-97 添加 Home 按键后效果

⓮ 选择"文件"→"存储为"命令，将图像进行保存。

5. 技巧点拨

1）打开"填充图层和调整图层"菜单

在图层控制面板中，单击"创建新的填充或调整图层"按钮 ◯.，弹出如图 7-98 所示菜单。"纯色"、"渐变"、"图案"属于填充图层命令，其余选项属于调整图层命令。可根据需要进行设置。调整图层与填充图层都具有图层不透明度和混合模式选项。

2）设置"填充图层"

（1）纯色

使用当前前景色填充调整图层，可根据需要选择其他颜色，如图 7-99 所示。

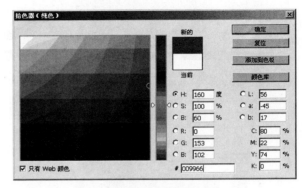

图 7-98 "创建新的填充或调整图层"菜单   图 7-99 "纯色"设置

217

（2）渐变

"渐变"可设置渐变颜色，"样式"设置渐变形式，"角度"设置渐变产生角度，"缩放"设置渐变大小，"反向"改变渐变方向，还可设置"仿色"、"与图层对齐"，如图 7-100 所示。

（3）图案

可选择不同图案，"缩放"设置图案大小，"贴紧原点"使图案原点与文档原点相同，若图案随图层一起移动，则勾选"与图层链接"选项，如图 7-101 所示。

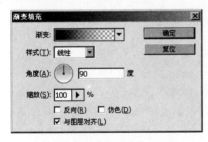

图 7-100 "渐变填充"设置   图 7-101 "图案填充"设置

3）设置"调整图层"

"调整图层"选项包括"亮度/对比度"、"色阶"、"曲线"、"曝光度"、"自然饱和度"、"色相/饱和度"、"色彩平衡"、"黑白"、"照片滤镜"、"通道混合器"、"颜色查找"、"反相"、"色调分离"、"阈值"、"渐变映射"和"可选颜色"。如图 7-102 为原图效果，图 7-103 为黑白后效果，图 7-104 为渐变映射后效果，图 7-105 为反相后效果，图 7-106 为阈值后效果，图 7-107 为色调分离后效果。

调整图层的设置可将颜色或色调修改应用于画面，修改后的颜色或色调将储存于调整图层中，且应用于下面所有图层。调整图层可随时删除，不会更改原始图层的像素值。

4）"调整图层"的特点

（1）对原始图层不具有破坏性。

（2）可根据需要进行图层部分调整编辑。

（3）可将调整结果应用于多个对象。

图 7-102　原图效果

图 7-103　黑白后效果

图 7-104　渐变映射后效果

图 7-105　反相后效果

图 7-106　阈值后效果

图 7-107　色调分离后效果

7.2.2　应用模式——"iPhone4"手机界面设计

▶ **1．任务效果图**（见图 7-108）

图 7-108　"iPhone4"手机界面设计效果图

▶ **2．关键步骤**

① 打开素材库中的"素材—iPhone4"图片，选择工具箱中"移动"工具，将图片拖至新建文件中，成为"图层 1"。选择"自由变换"命令调整大小。前景色设为黑色■，选择工具箱中"圆角矩形"工具，设置半径为"35 像素"，绘制手机外形成为"圆角矩形 1"。在"图层样式"对话框中勾选"投影"选项，设置不透明度为"35%"，角度为"-7"度，距离为"0"像素，大小为"29"像素，如图 7-109 所示。勾选"描边"选项，设置

大小为"5"像素，位置为"内部"，填充类型为"渐变"，设置三个色标值，从左至右分别为 RGB（153，153，153）、RGB（102，102，102）、RGB（255，255，255），角度为"–148"度，缩放为"150%"，如图 7-110 所示。画面效果如图 7-111 所示。

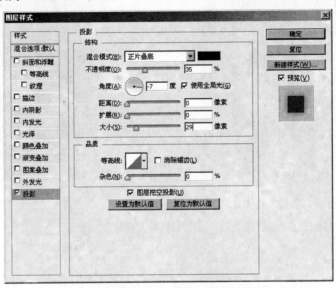

图 7-109 "投影"设置

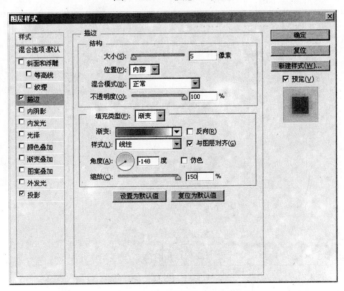

图 7-110 "描边"设置

❷ 选择工具箱中的"矩形"工具在手机边框处绘制三个黑色凹槽，如图 7-112 所示图形区域内。

❸ 选择工具箱中的"圆角矩形"工具制作手机按键，在"图层样式"对话框中勾选"渐变叠加"选项，设置四个色标值，从左至右分别为 RGB（204，204，204）、RGB（102，102，102）、RGB（102，102，102）、RGB（204，204，204），如图 7-113 所示。勾选"描边"选项，设置大小为"1"像素，位置为"内部"，颜色值为 RGB（113，111，111）。画面效果如图 7-114 所示。

图 7-111　绘制"形状 1"

图 7-112　绘制黑色凹槽

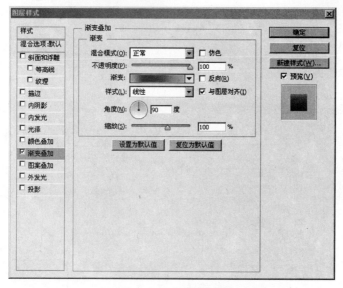

图 7-113　"渐变叠加"设置

图 7-114　绘制按键后效果

▽ 7.3　任务 3　MP4 界面设计

7.3.1　引导模式——竖排 MP4 界面设计

▶1. 任务描述

利用"圆角矩形"工具、"渐变"工具、"通道"等，制作一个简洁时尚的竖排 MP4 界面。

▶2. 能力目标

① 能熟练运用"圆角矩形"工具绘制界面；

② 能熟练运用"渐变"工具绘制立体效果；

③ 能熟练运用"通道"进行图片调整；

④ 能运用"图层样式"进行立体效果处理。

> **3. 任务效果图**（见图 7-115）

图 7-115 "竖排 MP4 界面设计"效果图

> **4. 操作步骤**

❶ 新建文件，设置宽度为"500 像素"，高度为"600 像素"，分辨率为"72 像素/英寸"，颜色模式为"RGB 颜色"，名称为"ipod"。

❷ 选择工具箱中的"圆角矩形"工具，设置前景色为白色，半径为"15 像素"，绘制如图 7-116 所示矩形，成为"圆角矩形 1"图层。在"图层样式"对话框中选择"混合选项：自定"选项，设置不透明度为"51%"，填充不透明度为"0%"，如图 7-117 所示。勾选"内发光"选项，设置混合模式为"正常"，颜色值为 RGB（153，153，153），阻塞为"12%"，大小为"16"像素，如图 7-118 所示。画面效果如图 7-119 所示。

图 7-116 绘制"圆角矩形 1"

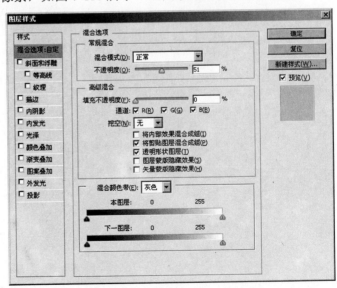

图 7-117 "混合选项：自定"设置

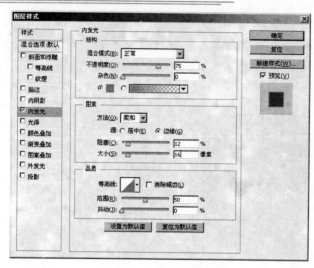
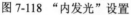

图 7-118 "内发光"设置

图 7-119 设置图层样式后效果

❸ 选择工具箱中的"圆角矩形"工具，设置前景色为 RGB（204，204，204），半径为"15 像素"，绘制如图 7-120 所示矩形，成为"圆角矩形 2"图层。鼠标右键单击该图层，打开快捷菜单，选择"栅格化图层"命令。选择"滤镜"→"模糊"→"高斯模糊"命令，设置半径为"9.8"像素，如图 7-121 所示。画面效果如图 7-122 所示。

❹ 选择工具箱中的"圆角矩形"工具，设置前景色为黑色，半径为"15 像素"，绘制如图 7-123 所示矩形，成为"圆角矩形 3"图层。

图 7-120 绘制"圆角矩形 2"

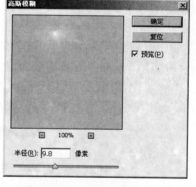

图 7-121 "高斯模糊"设置

图 7-122 高斯模糊后效果

图 7-123 绘制"圆角矩形 3"

222

⑤ 选择工具箱中的"椭圆"工具，设置前景色为黑色，按住【Shift】键绘制如图 7-124 所示圆形，成为"椭圆 1"图层。在"图层样式"对话框中，勾选"内阴影"选项，设置颜色为白色，距离为"7"像素，大小为"14"像素，等高线选择"第二行第三个"，勾选"消除锯齿"选项，如图 7-125 所示。

勾选"内发光"选项，设置混合模式为"正片叠底"，不透明度为"100%"，颜色为白色，阻塞为"10%"，大小为"104"像素，如图 7-126 所示。

勾选"斜面和浮雕"选项，设置深度为"195%"，大小为"16"像素，软化为"8"像素，光泽等高线选择"第一行第三个"，勾选"消除锯齿"选项，高光模式不透明度为"100%"，阴影模式不透明度为"50%"，如图 7-127 所示。

勾选"光泽"选项，设置混合模式为"滤色"，颜色为白色，不透明度为"100%"，角度为"135"度，距离为"7"像素，大小为"10"像素，等高线选择"第二行第一个"，勾选"消除锯齿"选项，如图 7-128 所示。

勾选"描边"选项，设置大小为"1"像素，不透明度为"80%"，颜色为黑色。选中"混合选项：自定"选项，设置不透明度为"50%"，如图 7-129 所示。

画面效果如图 7-130 所示。

图 7-124 绘制"椭圆 1"

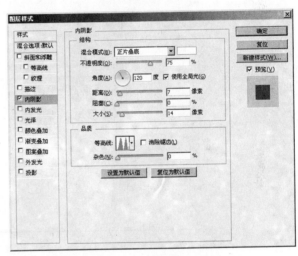

图 7-125 "内阴影"设置

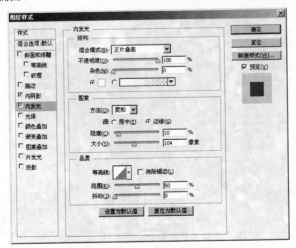

图 7-126 "内发光"设置

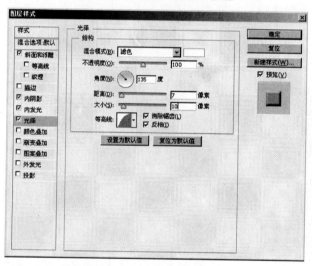

图 7-127 "斜面和浮雕"设置

图 7-128 "光泽"设置

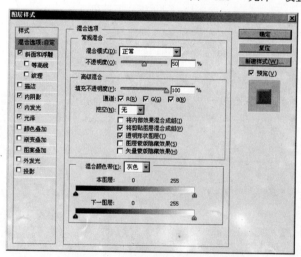

图 7-129 "混合选项：自定"设置

图 7-130 设置图层样式后效果

⑥　选择工具箱中的"椭圆"工具，设置前景色为白色，按住【Shift】键绘制如图 7-131 所示圆形，成为"椭圆 2"图层。在"图层样式"对话框中，勾选"渐变叠加"选项，在"渐变编辑器"对话框中设置左边色标值为 RGB（204，204，204），右边色标值为 RGB（255，255，255），勾选"反向"选项，样式为"径向"，缩放为"130%"，如图 7-132 所示。勾选"描边"选项，设置大小为"1"像素，位置为"内部"，颜色值为 RGB（102，102，102）。画面效果如图 7-133 所示。

⑦　复制"椭圆 2"图层为"椭圆 2 副本"图层，选择"自由变换"命令，将其缩小，效果如图 7-134 所示。

图 7-131　绘制"椭圆 2"

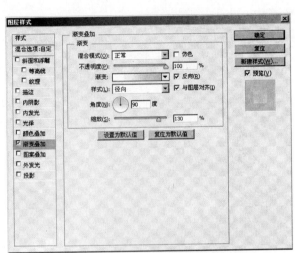

图 7-132　"渐变叠加"设置

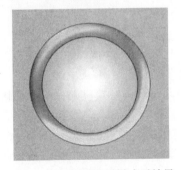

图 7-133　设置图层样式后效果

图 7-134　自由变换后效果

⑧　选择"视图"→"新建参考线"命令，打开"新建参考线"对话框，设置取向为"水平"，位置为"1 厘米"，如图 7-135 所示。使用"移动"工具拖动至如图 7-136 所示位置，同理再绘制一根参考线。选择"椭圆 1"图层，选择工具箱中"直线"工具 ✎，前景色为黑色，绘制如图 7-137 所示直线，成为"形状 1"图层，"图层样式"设置同"椭圆 1"。复制"形状 1"图层为"形状 1 副本"图层，选择"编辑"→"变换路径"→"水平翻转"命令，效果如图 7-138 所示。使用"移动"工具移除参考线。画面效果如图 7-139 所示。

⑨　选择工具箱中的"多边形"工具 ⬡，设置边数为"3"，前景色为黑色，绘制一个小三角成为"多边形 1"。在"图层样式"对话框中，勾选"斜面和浮雕"选项，设置深度为"195%"，大小为"16"像素，软化为"8"像素，光泽等高线选择"第一行第三

个"，勾选"消除锯齿"选项，高光模式不透明度为"100%"，阴影模式不透明度为"50%"。勾选"描边"选项，设置大小为"1"像素，不透明度为"80%"，颜色为黑色。选择"直线"工具，绘制一条短直线，成为"形状2"，"图层样式"设置同"多边形1"。复制"形状2"图层为"形状2副本"图层。效果如图7-140所示。同样方法制作其余按键图标，效果如图7-141所示。

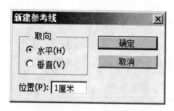

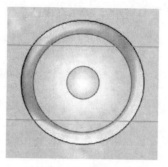

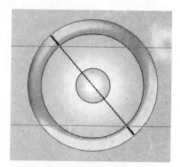

图 7-135　"新建参考线"设置　　　图 7-136　参考线位置　　　图 7-137　绘制"形状1"

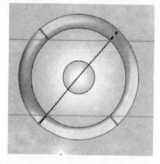

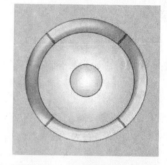

图 7-138　绘制"形状1副本"　　　　　　　图 7-139　按键绘制后效果

⑩ 选择工具箱中的"横排文字"工具，输入文字"MENU"，设置文字颜色值为RGB（102，102，102），字体为"黑体"，大小为"12点"，如图7-142所示。

⑪ 选择"圆角矩形3"图层，按住【Ctrl】键同时单击图层缩略图获得选区，选择"选择"→"修改"→"收缩"命令，打开"收缩选区"对话框，设置收缩量为"2"像素，如图7-143所示。创建新图层为"图层1"，选择"渐变"工具，在选项栏中选择"点按可编辑渐变"中"预设"下的"前景色到透明渐变"，如图7-144所示，选择"线性渐变"。按住【Shift】键，沿垂直方向自上至下拉一直线，切勿拉到选区底部。设置图层不透明度为"60%"，按【Ctrl+D】组合键取消选择。画面效果如图7-145所示。

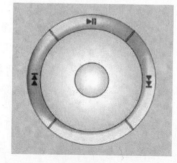

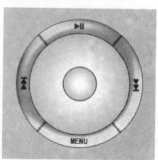

图 7-140　按键图标绘制后效果　　图 7-141　播放按键图标绘制后效果　　图 7-142　添加文字后效果

图 7-143 "收缩选区"设置

图 7-144 渐变预设设置

⑫ 选择"文件"→"打开"命令，打开素材库中"素材—背景"图片，选择工具箱中"移动"工具，将图片拖至新建文件中，成为"图层 2"。将"图层 2"拖至"图层 1"下面，设置图层不透明度为"50%"。选择"自由变换"命令，使"图层 2"略大于"圆角矩形 3"。选择"圆角矩形 3"图层，按住【Ctrl】键同时单击图层缩略图获得选区，选择"图层 2"图层。选择工具箱中"矩形选框"工具，在画面中单击鼠标右键，打开快捷菜单，选择"选择反向"命令，按【Delete】键将大于 MP3 屏幕的图片部分删除。在图像中单击鼠标右键，打开快捷菜单，选择"取消选择"命令。将"图层 2"不透明度调回"100%"。使用"自由变换"命令，调整"图层 2"大小，留出一圈黑色边框。画面效果如图 7-146 所示。

⑬ 选择通道控制面板，如图 7-147 所示，选择蓝色通道。单击"将通道作为选区载入"按钮，回到图层控制面板，如图 7-148 所示区域，创建新图层成为"图层 3"，选择工具箱中"油漆桶"工具，设置前景色为白色，填充图层。在图像中单击鼠标右键，打开快捷菜单，选择"取消选择"命令。设置图层不透明度为"10%"，画面效果如图 7-149 所示。

图 7-145 添加渐变后效果

图 7-146 添加屏幕画面后效果

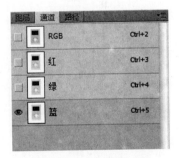

图 7-147 蓝色通道选择

⑭ 选择"文件"→"存储为"命令，将图像进行保存。

5．技巧点拨

1)"通道"概念

通道是储存不同种类信息的灰度图像，包括颜色信息通道、Alpha 通道和专色通道。一个图像的通道数最多为 56 个。新通道的尺寸、像素数量与原图像相同。

图 7-148　通道选择区域　　　　　　　图 7-149　设置图层不透明度后效果

2）"通道"面板

选择"窗口"→"通道"命令，如图 7-150 所示，或在控制面板中单击"通道"选项卡 通道 切换至"通道"面板，如图 7-151、图 7-152 和图 7-153 所示，RGB、CMYK、Lab 图像的"通道"面板均不同，但其"通道"面板均包含图像中的所有通道。通道名称左侧均为通道内容缩览图，编辑通道缩览图会自动更新。

图 7-150　"通道"命令

图 7-151　RGB 图像"通道"面板

（1）"将通道作为选区载入"按钮 ，可根据需要将所选的通道作为选区，以便编辑与绘画。

（2）"将选区存储为通道"按钮 ，可根据需要将所选的区域存储为通道，以便编辑与绘画。

（3）"创建新通道"按钮 ☐，新建一个通道，以便编辑与绘画。

（4）"删除当前通道"按钮 ☐，删除当前所选择的通道。

图 7-152　CMYK 图像"通道"面板　　　图 7-153　Lab 图像"通道"面板

3）"通道"的显示或隐藏

单击通道左侧的眼睛 ◉ 可显示或隐藏该通道。

4）用彩色显示通道

选择"编辑"→"首选项"→"界面"命令，打开如图 7-154 所示"首选项"对话框，勾选"用彩色显示通道"选项。此时在控制面板中单击"通道"选项卡 通道 切换至"通道"面板，RGB、CMYK 和 Lab 图像的"通道"面板中每个通道均会显示原始色彩，如图 7-155、图 7-156 和图 7-157 所示。

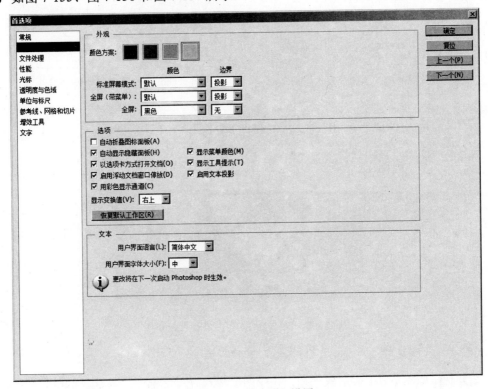

图 7-154　"首选项"设置

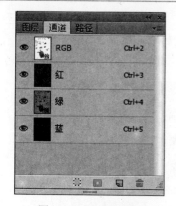  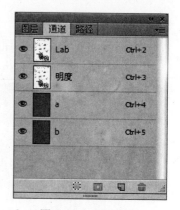

图 7-155　RGB 图像　　　　　图 7-156　CMYK 图像　　　　图 7-157　Lab 图像
　　"通道"面板　　　　　　　　　"通道"面板　　　　　　　　"通道"面板

5）"通道"的选择和编辑

（1）鼠标左键单击通道名称，可进行单个通道的选择。按住【Shift】键，同时单击可选择多个通道。

（2）使用绘画工具或编辑工具在画面中绘画，每次只能在一个通道上绘制。

6）复制通道和删除通道

选择一个通道，单击鼠标右键，弹出如图 7-158 所示菜单。选择"复制通道"命令，打开"复制通道"对话框，如图 7-159 所示，在该对话框中可对通道副本进行设置。

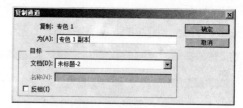

图 7-158　"复制通道"、"删除通道"命令　　　　图 7-159　"复制通道"对话框

7.3.2　应用模式——横排 MP4 界面设计

▶1．任务效果图（见图 7-160）

图 7-160　"横排 MP4 界面设计"效果图

▶2．关键步骤

❶ 制作如图 7-161 所示效果后，在"图层样式"对话框中，勾选"投影"选项，设置距离为"10"像素，扩展为"10%"，大小为"15"像素，如图 7-162 所示。勾选"内

发光"选项，设置颜色为白色，阻塞为"0%"，大小为"8"像素，等高线为第二行第五
个"画圆步骤"，如图 7-163 所示。画面效果如图 7-164 所示。

图 7-161　界面初步效果

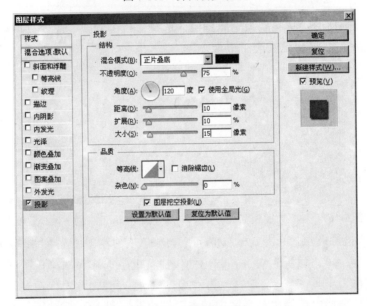

图 7-162　"投影"设置

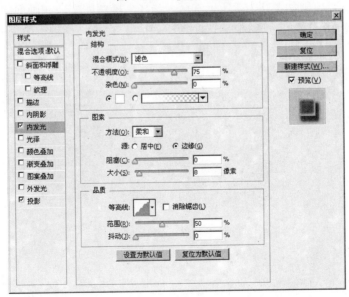

图 7-163　"内发光"设置

图 7-164　图层样式设置后效果

❷ 选择工具箱中的"椭圆"工具，绘制如图 7-165 所示椭圆，设置前景色为白色，图层混合模式为"柔光"。

❸ 复制该椭圆形状图层成为副本图层，选择"自由变换"命令，调整至如图 7-166 所示大小，设置图层混合模式为"正常"。

图 7-165　绘制大椭圆后效果

图 7-166　绘制小椭圆后效果

❹ 选择大椭圆图层，单击鼠标右键，在弹出的快捷菜单中选择"栅格化图层"命令。选择小椭圆图层，单击鼠标右键，在弹出的快捷菜单中选择"栅格化图层"命令。选择工具箱中"魔棒"工具，设置容差为"20"，选择大椭圆图层，在画面中单击选中大椭圆形状。在选项栏中选择"从选区中减去"按钮，选择小椭圆图层，在画面中单击选中小椭圆形状，出现如图 7-167 所示选区。选择大椭圆图层，在画面中单击鼠标右键，出现如图 7-168 所示菜单，选择"通过拷贝的图层"命令，出现一个新图层。在新图层的"图层样式"对话框中，勾选"斜面和浮雕"选项，设置大小为"1"像素，软化为"10"像素，取消选择"使用全局光"选项，角度为"-20"度，如图 7-169 所示。

图 7-167　"从选区中减去"后效果

图 7-168　"通过拷贝的图层"命令

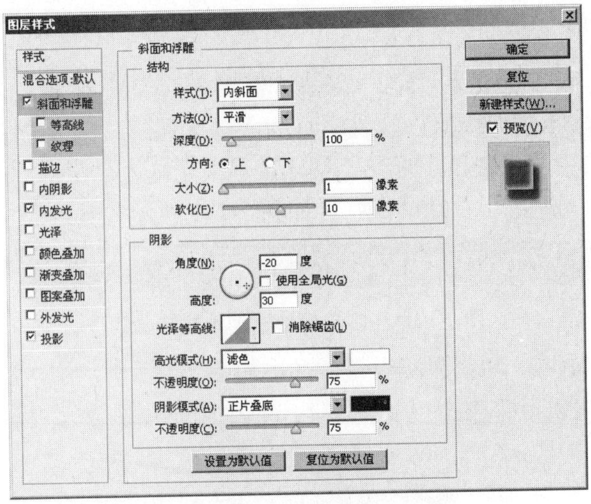

图 7-169 "斜面和浮雕"设置

7.4 任务 4 QQ 界面扁平化设计

7.4.1 引导模式——QQ 登录界面设计

▶1. 任务描述

利用"圆角矩形"工具、"油漆桶"工具、"多边形套索"工具等，制作一个简洁时尚的聊天软件登录界面。

▶2. 能力目标

① 能熟练运用"圆角矩形"工具绘制界面；

② 能熟练运用"油漆桶"工具进行色彩的填充；

③ 能熟练运用"多边形套索"工具进行图形选区制作；

④ 能利用"文字"工具进行文字排版。

▶3. 任务效果图（见图 7-170）

图 7-170 "QQ 登录界面设计"效果图

4．操作步骤

❶ 新建文件，设置宽度为"800"像素，高度为"600"像素，分辨率为"72 像素/英寸"，颜色模式为"RGB 颜色"，文件名称为"登录界面"。

❷ 选择工具箱中的"圆角矩形"工具，设置填充色为"浅青"，半径为"5 像素"，宽度为"500 像素"，高度为"300 像素"，如图 7-171 所示。

图 7-171 "圆角矩形"工具参数设置

❸ 将鼠标移到画布，单击鼠标左键，弹出如图 7-172 所示的"创建圆角矩形"对话框，单击"确定"按钮，即在画布中央绘制出一个圆角矩形成为"圆角矩形 1"图层，如图 7-173 所示。

图 7-172 "创建圆角矩形"对话框

图 7-173 "圆角矩形 1"绘制后效果

❹ 新建一个图层，选择"圆角矩形"工具，设置半径为"5 像素"，宽度为"100 像素"，高度为"100 像素"，颜色为白色，创建"圆角矩形 2"并将其拖至如图 7-174 所示位置，此为登录用户头像显示区域。

图 7-174 "圆角矩形 2"绘制后效果

❺ 新建一个图层，选择"圆角矩形"工具，设置半径为"5 像素"，宽度为"240 像素"，高度为"30 像素"，颜色为白色，创建"圆角矩形 3"并将其拖至如图 7-175 所示位置，此为文字输入区域。

图 7-175 "圆角矩形 3"绘制后效果

❻ 复制"圆角矩形 3"图层得到"圆角矩形 3 副本"图层，将"圆角矩形 3 副本"图层向下移动至如图 7-176 所示位置。

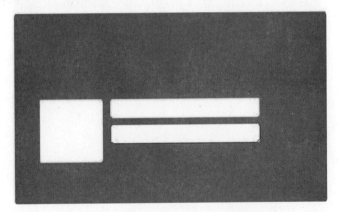

图 7-176 "圆角矩形 3 副本"绘制后效果

❼ 选择"圆角矩形 1"图层，按住【Ctrl】键单击图层控制面板中的图层缩略图，得到矩形选区，选择工具箱中的"矩形选框"工具，选择"从选区中减去"按钮，将矩形上半部、下半部分别减去一部分选区，得到中间一段选区，效果如图 7-177 所示。

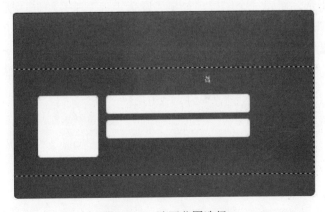

图 7-177 选区范围选择

❽ 新建一个图层为"图层 1"，设置前景色为 RGB（111，221，254），如图 7-178 所示。选择工具箱中的"油漆桶"工具，填充选区，按【Ctrl+D】组合键取消选区，效

果如图 7-179 所示。

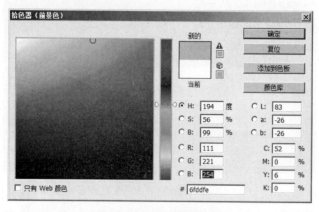

图 7-178   颜色参数设置

图 7-179   填充颜色后效果

❾ 选择"椭圆"工具,设置颜色为"蜡笔黄",宽度为"20 像素",高度为"20 像素",按住【Shift】键拉出如图 7-180 所示的一个正圆。新建一个图层,选择"多边形"工具,边数设为"3",颜色设为"黑青",宽度为"8 像素",高度为"8 像素",绘制多边形将该图层"多边形 1"拖至所有图层最上方。利用"自由变换"工具旋转"90 度",位置如图 7-181 所示。新建一个图层,选择"圆角矩形"工具绘制"圆角矩形 4",设置宽度为"18 像素",高度为"18 像素",半径为"5 像素",颜色为白色。复制"圆角矩形 4"图层为"圆角矩形 4 副本"图层,拖至如图 7-182 所示位置。

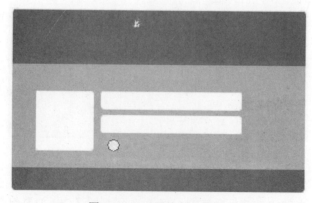

图 7-180   正圆绘制后效果

图 7-181　多边形绘制后效果

图 7-182　两个圆角矩形绘制后效果

⑩　新建一个图层，选择"圆角矩形"工具绘制矩形，设置宽度为"70 像素"，高度为"20 像素"，半径为"5 像素"，颜色为 RGB（111，221，254），得到"圆角矩形 5"图层。复制图层"圆角矩形 5"图层两次，分别将所得的三个矩形放置在如图 7-183 所示位置。接着，制作登录界面右上角的"—"和"X"按键。新建一个图层，选择"矩形"工具绘制矩形，设置宽度为"15 像素"，高度为"3 像素"，颜色为白色，得到"矩形 1"图层，即为"—"按键。复制"矩形 1"图层为"矩形 1 副本"图层，按【Ctrl+T】组合键进行自由变换，设置旋转角度为"45°"。复制"矩形 1 副本"图层为"矩形 1 副本 2"图层，选择"编辑"→"变换"→"水平翻转"命令，同时选中"矩形 1 副本"图层和"矩形 1 副本 2"图层，使用"移动"工具，按住【Shift】键进行平移，"—"和"X"按键位置如图 7-184 所示。

⑪　制作登录界面头像。新建一个文件，设置宽度和高度均为"300 像素"，颜色模式为"RGB 模式"，分辨率为"72 像素/英寸"。选择工具箱中的"油漆桶"工具，设置填充颜色值为 RGB（255，186，207），效果如图 7-185 所示。

图 7-183　三个圆角矩形绘制后效果

图 7-184　"—"和"X"按键位置

图 7-185　颜色设置效果

⑫ 选择工具箱中的"多边形套索"工具，新建一个图层，沿着画布对角线画出一个三角形选区，如图 7-186 所示，选择工具箱中的"油漆桶"工具，填充颜色值为 RGB（232，166，186），按【Ctrl+D】组合键取消选区，效果如图 7-187 所示。

图 7-186　绘制三角形选区

图 7-187　三角形选区填充效果

⑬　选择工具箱中的"自定形状"工具 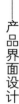，在"形状"下拉菜单中选择"女人"，如图 7-188 所示。按住【Shift】键进行拖拉以防止人物变形，位置大小如图 7-189 所示。修改填充颜色值为 RGB（253，219，230），得到"形状 1"图层。在该图层上单击鼠标右键，在弹出的快捷菜单中选择"栅格化图层"命令，选择工具箱中的"矩形选框"工具将人物的腿部删除，效果如图 7-190 所示。将图像保存为"登录头像"JPEG 格式文件，并关闭该文件。

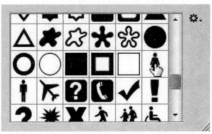

图 7-188　选择自定形状"女人"

图 7-189　人形大小与位置

图 7-190　女性登录头像绘制后效果

⓮ 打开刚才保存的"登录头像"文件，将其拖至"登录界面"文件中，成为"图层2"图层，调整大小如图 7-191 所示。选择"圆角矩形 2"图层，按住【Ctrl】键，鼠标左键单击图层缩略图，获得如图 7-192 所示的选区。选择"选择"→"修改"→"收缩"命令，设置收缩量为"3 像素"。选择"图层 2"图层，选择工具箱中的"矩形选框"工具，在画布上单击鼠标右键，在弹出的快捷菜单中选择"选择反向"命令，然后按【Delete】键将"图层 2"多余部分进行删除，以使得登录头像有一圈白色的边框。按【Ctrl+D】组合键取消选区，效果如图 7-193 所示。

图 7-191 "登录头像"大小调整

图 7-192 获得选区

图 7-193 登录头像制作边框效果

⑮ 输入文字"QQ2014",大小为"30 点",颜色为白色,字体为"Adventure Subtitles"(如无此字体,可另选其他一些较为方正的字体)。输入文字"Enjoy Your Moment",大小为"14 点",颜色为白色,字体同上。然后将两个文字图层放在画面居中位置,如图 7-194 所示。输入文字"注册账号"、"找回密码",设置颜色值为 RGB(255,247,153),大小为"15 点",字体为"黑体"。输入文字"记住密码"、"自动登录"、"多账号"、"设置"、"登录",设置颜色值为 RGB(0,117,169),大小为"12 点",字体为"黑体",位置如图 7-195 所示。

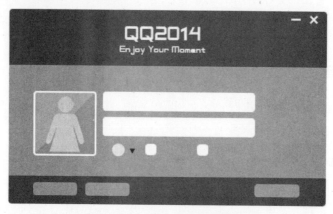

图 7-194　添加登录界面标题文字

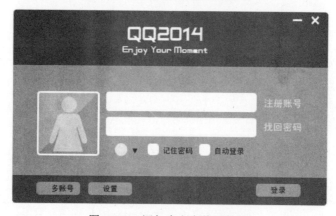

图 7-195　添加中文字体后效果

❶❻ 新建一个图层，选择"自定形状"工具中的"复选标记"，如图 7-196 所示。按住【Shift】键进行绘制，修改填充色为"浅青"，大小位置如图 7-197 所示。选择"自定形状"工具中的"箭头 2"，如图 7-198 所示，在画布上按住【Shift】键进行绘制，修改填充色为"蜡笔黄"，复制两次，大小位置如图 7-199 所示。

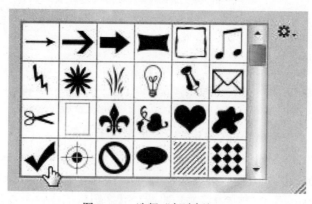

图 7-196　选择"复选标记"

图 7-197 "复选标记"颜色修改

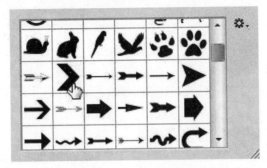

图 7-198 选择"箭头 2"

图 7-199 "箭头 2"颜色与位置调整

▶ **5．技巧点拨**

图层过滤器

为了便于在制作复杂的项目时更为快捷便利地寻找所要图层，Photoshop CS6 在图层控制面板中新增了图层过滤器功能。通过不同的搜索条件，能够迅速找到所需图层，提升工作效率。同时，还可以通过一些技巧来解决图层中的一些问题，比如找到一些无用的空白图层或者找到一些应用了高级混合模式的图层。

在图层控制面板中，可以根据"名称"、"效果"、"模式"、"属性"、"颜色"五个类型来进行图层的搜索，如图 7-200 所示。

（1）名称：输入关键字即可获得相关图层，如图 7-201 所示。

图 7-200　图层组搜索菜单　　　　　　　图 7-201　名称筛选

（2）效果：可选择"斜面和浮雕"、"描边"、"内阴影"、"内发光"、"光泽"、"叠加"、"外发光"、"投影"来进行图层筛选，如图 7-202 所示。

（3）模式：可选择"正常"、"溶解"、"变暗"、"正片叠底"、"颜色加深"、"线性加深"、"深色"、"变亮"、"滤色"、"颜色减淡"、"线性减淡（添加）"、"浅色"、"叠加"、"柔光"、"强光"、"亮光"、"线性光"、"点光"、"实色混合"、"差值"、"排除"、"减去"、"划分"、"色相"、"饱和度"、"颜色"、"明度"来进行图层筛选，如图 7-203 所示。

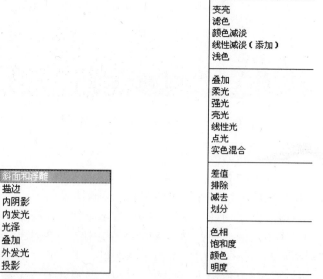

图 7-202　效果筛选　　　　　　　　　图 7-203　模式筛选

（4）属性：可选择"可见"、"锁定"、"空"、"链接的"、"已剪切"、"图层蒙版"、"矢量蒙版"、"图层效果"、"高级混合"、"不可见"、"未锁定"、"不为空"、"未链接"、"未剪切"、"无图层蒙版"、"无矢量蒙版"、"无图层效果"、"无高级混合"来进行图层筛选，如图 7-204 所示。

（5）颜色：可选择"红色"、"橙色"、"黄色"、"绿色"、"蓝色"、"紫色"、"灰色"来进行图层筛选，如图 7-205 所示。

图 7-204 属性筛选   图 7-205 颜色筛选

7.4.2 应用模式——QQ 聊天界面设计

▶ **1. 任务效果图**（见图 7-206）

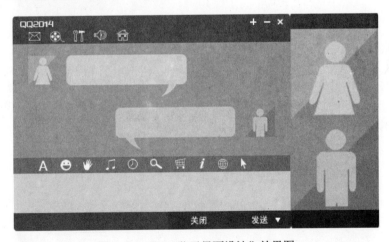

图 7-206 "QQ 聊天界面设计"效果图

▶ **2. 关键步骤**

❶ 制作两个圆角矩形，左侧圆角矩形的宽度为"396 像素"，高度为"300 像素"，右侧圆角矩形的宽度为"126 像素"，高度为"300 像素"，半径均为"5 像素"，颜色值分别为 RGB（0，183，238）、RGB（0，160，233），如图 7-207 所示。

❷ 选择"矩形"工具制作其他矩形框，色彩与界面相一致，但较为浅一些。复制矩形的方法：选中所要复制的图层，使用"移动"工具，按住【Alt】键不放，同时单击鼠标左键往下拖拽即可复制出来。效果如图 7-208 所示。

图 7-207　制作两个圆角矩形

图 7-208　制作多个矩形框效果

❸ 按住【Ctrl】键不放，鼠标左键单击右侧圆角矩形所在图层缩略图获得选区，然后利用"矩形选框"工具将选区上半部分去掉，填充颜色值为 RGB（0，139，203），效果如图 7-209 所示。

图 7-209　选区填充后效果

❹ 采用制作女性头像登录界面的方法制作一个男性的登录界面头像，如图 7-210 所

示，背景颜色值分别为 RGB（155，219，159）、RGB（137，196，141），人物颜色值为
RGB（196，243，200）。

图 7-210　男性登录界面头像

❺ 选择工具箱中的"自定形状"工具中的"会话 12"，制作聊天对话框，如图 7-211
所示。其色彩应与聊天者头像色彩相匹配，聊天对话框位置如图 7-212 所示。

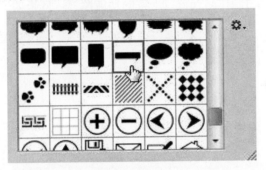

图 7-211　选择自定形状"会话 12"

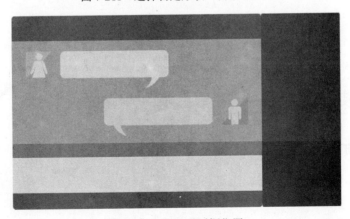

图 7-212　聊天对话框位置

❻ 制作聊天界面上部的功能图标，如图 7-213 所示拉两条参考线，选择"自定形状"
工具中的一些合适的图标进行放置，色彩均为白色。

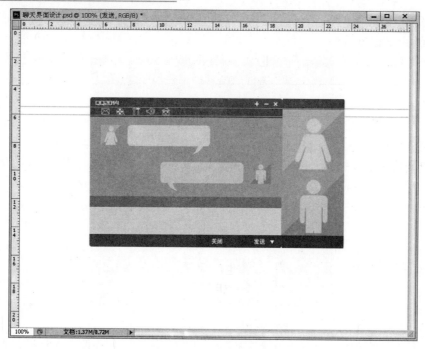

图 7-213　参考线添加

❼ 采用同样的方法制作聊天窗口下方的功能图标，效果如图 7-214 所示。

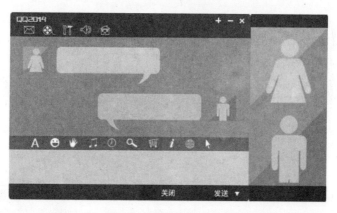

图 7-214　聊天窗口下方功能图标添加后效果

7.5　实践模式——产品检测软件界面设计

➜ 知识扩展

扁平化设计是指摒弃高光、阴影、纹理、渐变等装饰效果，采用抽象、简化、符号化、平面化的元素来进行的设计方法。其核心在于界面功能本身的使用，将信息和事物以更为简单的方式表现出来，减少认知障碍的产生。

扁平化设计强调的是极简主义，少即是多的设计理念，是目前极为流行的一种界面设计方法。其优点在于简约而不简单、突出内容主题、简单易用、设计更容易。

扁平化设计技巧：

1）图标设计

扁平化图标的设计非常具有专业性，强调图形的线条化、概括化，以最为简单的线条来完美诠释图标含义。许多网站都提供了扁平化图标的免费资源，可供设计者修改使用。

2）配色设计

由于整个界面缺少了许多装饰元素，配色就成为了扁平化设计的重中之重。颜色的冷暖、明暗、饱和度、对比度的不同搭配都会使其产生不同的视觉效果，诸如，醒目明亮的颜色能够增加视觉元素的趣味性，比较时尚现代。单色的配色方案在扁平化设计中很流行，一般会选择一些较为活泼的颜色，然后在明暗度上进行调整。多彩风格是另外一种设计方案，不同的页面和面板使用不同的颜色，整体效果非常吸引人。

3）字体设计

优秀的字体设计有助于提升界面的整体视觉效果，是界面设计中的点睛之笔。由于扁平化设计注重简约，所以字体的选择也应简单、干净。一般采用无衬线字体，使用一到两种字重。一般来说，一个界面中，使用的字体种类不会超过两种。另外，字体颜色一般为黑或白，不带装饰和色彩。

➜ **相关素材**

制作要求：参考如图 7-215 所示效果图制作一个产品检测软件的主界面。注意版面应尽量简洁大方，色彩尽量朴素，花哨的颜色会影响企业用户的操作效率。另外，在图标的设计上也应当保持扁平化的设计风格，简单、清晰、易懂。6 个视频窗口能够正确地显示产品质量的好坏，播放、停止按键能够控制软件的状态。

注意：字体也应选较为线条化的极简风格。

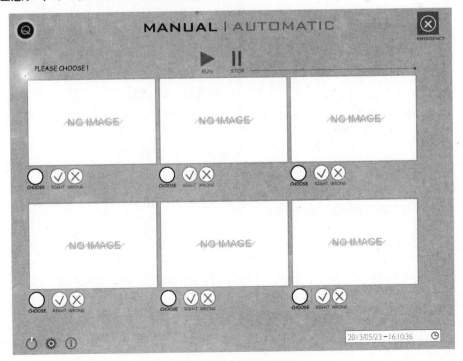

图 7-215　参考效果图

7.6 知识点练习

一、填空题

1. 一个通道代表组成图像的_____。

2. 使用"圆形选框"工具时，需配合_____键才能绘制出正圆。

3. "渐变"工具提供了线性渐变、_____、_____、_____和菱形渐变5种渐变方式。

二、选择题

1. 在 Photoshop 中，通道是用来（　　）的。

　　A. 存储选区　　　　　　　　　　B. 存储图像色彩

　　C. 存储路径　　　　　　　　　　D. 存储颜色

2. 在通道调板中按住（　　）功能键的同时单击垃圾桶图标，就可直接将选中的通道删除。

　　A.【Ctrl】　　　　　　　　　　B.【Alt】

　　C.【Control】　　　　　　　　　D.【Shift】

3. 要移动一条参考线，可以（　　）。

　　A. 选择"移动"工具拖拉

　　B. 无论当前使用何种工具，按住【Alt】键的同时单击鼠标

　　C. 在工具箱中选择任何工具进行拖拉

　　D. 无论当前使用何种工具，按住【Shift】键的同时单击鼠标

4. 关于 Alpha 通道的使用，以下说法正确的是（　　）。

　　A. 保存图像色彩信息　　　　　　B. 保存图像未修改前的状态

　　C. 存储和编辑选区　　　　　　　D. 保存路径

5. "液化"滤镜的快捷键是（　　）。

　　A.【Ctrl+X】　　　　　　　　　B.【Ctrl+Alt+X】

　　C.【Ctrl+Shift+X】　　　　　　D.【Ctrl+Alt+Shift+X】

三、判断题

1. 在 Photoshop 中，如果想绘制直线的画笔效果，应该按住【Shift】键。（　　）

2. 在喷枪选项中可以设定的内容是"Pressure（压力）"。（　　）

3. "自动抹除"选项是画笔工具栏中的功能。（　　）

参 考 文 献

[1] 唐一鹏. 网站色彩与构图案例教程. 北京：北京大学出版社，2008.

[2] 黄育芹. Photoshop CS 超梦幻网页创意宝典. 北京：机械工业出版社，2005.

[3] 葛建国. Photoshop CS 平面设计创意与范例. 北京：机械工业出版社，2005.

[4] 汪可，张明真，於文财. ADOBE PHOTOSHOP CS6 标准培训教材. 北京：人民邮电出版社，2013.

参考网站

[1] 太平洋电脑网   http://www.pconline.com.cn

[2] PS 课堂-Photoshop 实例教程网 http://www.psclass.com/basic

[3] Adobe 官方网站   http://www.adobe.com

[4] 天极网   http://design.yesky.com

[5] 网页教学网   http://www.webjx.com/photoshop

[6] 视觉中国   http://www.chinavisual.com

[7] 站酷（ZCOOL）   http://www.zcool.com.cn

[8] 我要自学网   http://www.51zxw.net

[9] 北京日创设计   http://www.reachsun.net

[10] 破洛洛   http://www.poluoluo.com/